材料新技术书库

基于生物柴油制备的
磺化聚醚砜复合膜研究

石文英 / 著

中国纺织出版社有限公司

内 容 提 要

本书提出了基于生物柴油制备的磺化聚醚砜复合催化膜研制及膜反应器动力学研究，探索了复合催化膜催化酯化制备生物柴油及连续催化酯化反应动力学，为复合膜连续化制备生物柴油工业化奠定了理论基础。

本书内容丰富，既有大量的基础理论和分析，又列出了翔实的实验，可供膜及相关领域的研究人员、工程技术人员阅读，也可作为纺织、材料、化工相关专业本科生、研究生的参考书。

图书在版编目（CIP）数据

基于生物柴油制备的磺化聚醚砜复合膜研究/石文英著. --北京：中国纺织出版社有限公司，2021.6
（材料新技术书库）
ISBN 978-7-5180-8452-4

Ⅰ.①基… Ⅱ.①石… Ⅲ.①磺化—聚醚砜—膜材料—研究 Ⅳ.①TB383

中国版本图书馆 CIP 数据核字（2021）第 051349 号

责任编辑：孔会云　　责任校对：王蕙莹　　责任印制：何　建

中国纺织出版社有限公司出版发行
地址：北京市朝阳区百子湾东里 A407 号楼　邮政编码：100124
销售电话：010—67004422　传真：010—87155801
http://www.c-textilep.com
中国纺织出版社天猫旗舰店
官方微博 http://weibo.com/2119887771
三河市宏盛印务有限公司印刷　各地新华书店经销
2021 年 6 月第 1 版第 1 次印刷
开本：710×1000　1/16　印张：7.75
字数：121 千字　定价：88.00 元

前　言

　　能源是现代社会赖以生存和发展的重要物质基础，地球上的化石能源储量有限，无法满足经济快速发展的需求，将成为制约社会进步的瓶颈。生物柴油是近年来引人关注的一种绿色油品，生物柴油具有良好的使用性能、环境友好性和生物降解性等诸多优点。但是目前在生物柴油基础研究和工业生产中主要还存在以下两方面问题：一是原料成本高，二是催化工艺落后。原料成本高的问题可以通过采用废食用油脂（如地沟油）或非食用油脂为原料来解决；传统的强酸、强碱均相催化工艺导致分离工艺复杂，设备腐蚀严重，产生大量的废酸和废碱液体，造成巨大的经济损失和严重的环境污染，同时难以实现连续化生产。显然，改进工艺是目前唯一的选择，而催化工艺的改进则必须依赖新型高效催化剂的研究和应用。因此，开发新型高效催化技术（高效率、长寿命、低能耗、无腐蚀等）已成为当前生物柴油研发的重要方向和热点。

　　聚合物膜催化法作为一种非均相催化方法，被认为是一种极具开发潜力的、高效、经济、环保的制备生物柴油方法。聚合物催化膜制备工艺简单，可选材料多，易实现材料的宏/微观结构设计，易实现催化活性基团的高强度负载，有希望首先突破非均相催化技术中的诸多制约因素，实现高效率、长寿命、低能耗、无腐蚀的连续化生物柴油工业制备。

　　本书围绕面向生物柴油制备的磺化聚醚砜催化膜材料及催化膜的制备、微结构调控及膜催化反应动力学开展研究，并探索膜催化酯化与固体碱酯交换绿色集成工艺制备生物柴油。

　　本书的出版受到中原千人计划——中原青年拔尖人才项目（项目编号：ZYQR201810135）的支持。

石文英
2021 年 1 月

目　　录

第1章　概述

1.1　生物柴油概述

近年来，随着石油资源的大量消耗和日益枯竭，引起了全球性的石油危机。为了争夺石油资源，甚至爆发了国际政治和军事冲突。寻找可替代可再生能源才是实现共同生存的根本途径。只有积极开发利用可再生能源，世界各国才能实现经济社会的平稳、快速、可持续发展。同时，石化燃料大量燃烧排放的 CO_2 引起的全球性温室效应问题日益严重。因此，寻求绿色环保、可再生的替代能源，探索能源替代新途径从而缓解能源压力，已成为各国政府和相关机构工作中的重点和热点。

很多天然油脂在常温下是以液体形式存在的，所以人们自然就能联想到用油脂替代石化能源。生物柴油的概念最早是由德国热机工程师 Rudolf Diesel 于 1895 年提出的，1900 年在巴黎世界博览会上，Rudolf Diesel 展示了用花生油作燃料的发动机。但是，在使用天然油脂作为柴油机燃料时，人们发现它的流动性差、雾化困难、燃烧不充分、喷嘴和阀座容易炭沉积。同时，天然油脂的挥发性差，且在高温下容易聚合[1]。所有这些弱点的产生都与天然油脂的高黏度有或多或少的关系。为此，人们试图采取各种手段来降低天然油脂的黏度，这些降低了黏度的油脂通常被当作柴油使用，通常被称作生物柴油。

生物柴油因具有清洁安全、可再生等诸多优点，已经受到国际社会的共同关注，引起了政府的高度重视和研究人员极大的兴趣。生物柴油不仅是可再生的替代石化能源的研究及发展重点，也是未来重要的液体能源，因此它具有很大的研究和应用价值[2]。生物柴油是一种以植物油或动物脂肪为主要原料，经过酯交换反应得到的脂肪酸甲酯类物质，其性质与矿物柴油非常接近，被公认为是一种可再生的清洁燃料[3]。

1.1.1　生物柴油的国内外发展状况

生物柴油产业的发展，对于环境保护、应对全球性能源危机和国家及地区经济平稳可持续发展意义重大。为加快生物柴油产业的发展，世界各国政府纷纷出台相关鼓励政策，发达国家及发展中国家的相关机构相继推出免税、补贴等优惠政策来促进生物柴油产业进一步发展。在我国，虽然生物柴油的研发还处于初级阶段，但也取得了一定研究成果，并逐步实现产业化。显然，生物柴油的发展也将使我国未来的能源结构面临新的调整[4]。

资料显示，2020 年，欧盟各国可再生能源占总能源的 20%，其中 10% 为生物能源。由于世界各国把生物柴油的发展作为解决能源问题的重要途径，并在这方面加大投入，使得近年来生物柴油产业得到了空前的发展。特别是发达国家生物柴油产业的发展表现得极为迅速。德国是较早开展生物柴油研究的国家，生物柴油产业发展较好，产量接近 400 万吨/年，生物柴油年产量居世界首位。美国生物柴油的年产量也超过 200 万吨/年，处于世界前列[5]。而我国的生物柴油产业发展远远落后于发达国家。资料显示，我国的能源消耗量非常大，处于世界第二，因此，能源短缺将成为阻碍我国未来经济和社会不断发展的重要因素之一，使用可再生生物资源大量生产生物柴油是石化工业实现可持续发展的重要途径之一[6]。

近年来，为保障国家能源安全，我国对发展包括生物质能源在内的可再生能源给予高度重视，并采取了有力措施。利用廉价原料（如植物油、废弃食用油脂等）生产符合燃油国标的生物柴油，可以填补国内柴油市场供给缺口，使我国目前日益严峻的能源紧缺问题在一定程度上得到有效缓解。总之，发展生物柴油将作为必不可少的新能源发展战略之一。在国际大环境下，我国正加紧对生物柴油的发展，研究人员展开了很多研究工作[7]。

1.1.2　生物柴油的理化性质

由于生产生物柴油的原料不同，使得不同来源的生物柴油在理化性质上存在一定的差异，反映在生物柴油品质上则体现为油品参次不齐。目前，世界上已有多个国家制定了生物柴油的理化性质标准，从而保证其产品质量，使消费者更加放心地使用和消费。其中欧盟在 2003 年 11 月颁布了 EN 14241 生物柴油燃料标准。1996 年美国生物柴油国家标准 ASTM D 6751 被美国环保局法制化认可[8]。我国也于 2007 年 5 月颁布了首个生物柴油国家标准 GB/T 20828。把我国生物柴油标准与欧洲车用生物柴油标准 EN 14214 和美国生物柴油标准 ASTM D 675 对比可知，我国生物柴油标准与美国标准比较接近，属于相对比较宽松的标准。表 1-1 所示为不同的原料油所制备的生物柴油与 0#柴油的理化性质对比[9]。研究表明，生物柴油的理化性质优于石化柴油[10]。

表 1-1　不同原料的生物柴油与 0#柴油的理化性质比较[11]

原料油	0#柴油	SME	CME	SFME	RME	FME	WME
十六烷值	>45	47	49	46.9		50.17	52.91
黏度（40℃）/（mm^2/s）	>45	4.5	4.13		4.83	4.8	
碘值/（g/100g）	<6	133.9	104.6	125.5	97.4		63.5
冷滤点/℃	0	1			3.6	11	
凝点/℃	<4	−4	−15		−10.8	9	
热值/（MJ/kg）	44.95	40.67	38.13	38.57	37.34	37.14	
馏出温度/℃	—	351	360		348	336.4	342.1

注　SME：大豆油甲酯（soybean oil methyl ester）；

　　CME：棉籽油甲酯（cottonseed oil methyl ester）；

　　SFME：葵花籽油甲酯（sunflower oil methyl ester）；

　　RME：菜籽油甲酯（rape oil methyl ester）；

　　FME：动物甲酯油（fatty oil methyl ester）；

　　WME：废弃油甲酯（waste oil methyl ester）。

1.1.3　生物柴油的原料

生物柴油属于生物能源，它是太阳能以化学能形式储存在生物中的一种能量形式，它直接或间接地来源于植物的光合作用，是以生物为载体的能量。可用于加工生物柴油的原料极其广泛，品种繁多。菜籽油和大豆油是制备生物柴油的最广泛原料，并且已经成为工业化制备生物柴油的主要原料。热带地区的棕榈油也被广泛用于商业化制备生物柴油。菜籽油、大豆油和棕榈油被称为第一代生物柴油原料。野生植物种子麻疯树籽、文冠果[12]、黄连木[13]等富含油脂，适合作为生物柴油的原料来源，被称为第二代生物柴油原料。有些天然海藻富含油脂，被称为第三代生物柴油的原料。此外，美国正致力于用动物油脂如鸡油、牛油、猪油和棕脂膏等作为生物柴油原料的研究[14]。

随着可耕地面积的减少，植物油脂的产量已经不能满足人类食用和生产生物柴油的需求。而且植物油脂价格不断上涨，因此生物燃料生产商转向开发原料充足又廉价的动物脂肪。动物油脂中含较多饱和脂肪酸，食用后易导致肥胖，人们已不再把它作为食用油的主要选择。动物油脂多作为制备动物饲料添加剂的原料或被直接废弃。但在 20 世纪末，欧洲发现添加在饲料中的废弃油脂会引起鸡肉残留有害物质二噁英[15]。为此，自 2004 年后，欧盟已严禁在动物饲料中添加废弃油脂。由此，动物油脂的身价一落千丈。21 世纪初，欧美一些国家率先利用动物油脂作为生物柴油制备的原料，研究生物柴油制备工艺[16]。动物油脂主要从动物的屠宰废料、动物皮毛处理及食用肉类残油中得到[17]。我国每年就有上千万吨，低质量混合油脂能作为其他化学品生产的原料，是生产生物柴油的经济原料[18]。

近年来，随着居民饮食结构的改变[19]，鸡肉的消费量与日俱增。鸡油是从鸡肉脂肪中提炼出来的，而且鸡肉在加工过程中也会产生大量油脂。据统计，2006 年我国鸡油产量增长到约 1050 万吨[20]，鸡肉加工过程中产生的大量废弃鸡油如能转化为生物柴油，则经济效益和环境效益非常巨大。鸡油是十四碳至十八碳酸的甘油酯，以十八碳酸甘油酯为主，分子较大，是理想的生物柴油原料之一。而且研究表明，鸡脂肪燃料既有利于环境，也有利于机器本身，燃烧得更充分，同时产生很少的颗粒物，并且能润滑和清洁气缸、排气管以及油路[21]。有专家估计，五年内美国生物柴油产量的一半产自动物油脂。而以植物豆油为原料的生物柴油将只占总量的 20%。与植物大豆油 33 美分/磅的价格相比，鸡油只需 19 美分/磅，十分低廉[22]。2020 年常见油料国际价格见表 1-2[23]。

表 1-2　2020 年各种油料的国际平均价格　　　　　单位：USD/t

油料	价格	油料	价格	油料	价格
大豆油	1122	玉米油	802	精制棉籽油	782
菜籽油	871	花生油	891	黄油	412
棕榈油	983	菜籽油	514	猪油	256
废弃油	224	麻风树油	210	鸡油	243

此外，我国和日本正在积极开展利用餐饮废油制备生物柴油[24]的研究。废弃的动植物油脂也是生产生物柴油常用的原料，如废烹饪油（waste cooking oil）、皂脚（soapstock）和酸化油（acid oil）等，这不仅可以减少对环境的危害，而且还可

以大幅度降低生物柴油的生产成本。但是这些油由于经过高温烹煮，油脂酸败严重，酸值升高，不适合直接碱法制备生物柴油，而且原料中含有水分[25]。因此在使用餐饮废油制备生物柴油之前，应对其进行预处理，如脱酸，脱水和脱胶[26]。

　　制备生物柴油用的另外一种原料是小分子的醇类。常用的小分子醇包括甲醇、乙醇、丙醇、异丙醇、丁醇和戊醇等，最常用的是甲醇[22-24]。甲醇的价格低廉，极性较高，反应活性比其他醇高，能较快与脂肪酸甘油三酯发生反应。乙醇来自农业产品（可再生能源），因此，乙醇从生物和环境角度考虑是合成生物燃料的理想材料[27]。

1.1.4　生物柴油的性能

　　相比常规石化柴油，生物柴油具有以下优良的性能：

　　（1）可再生性：生物柴油是一种可再生能源，不同于石油、煤炭那样随着不断消耗而逐渐面临枯竭。

　　（2）绿色环保：由于生物柴油成分中硫含量低，从而显著降低了石化柴油带来的二氧化硫等硫化物的排放，使硫排放量减少约30%，有利于控制酸雨；并且，由于生物柴油中不包含污染环境的芳香族烷烃，因而其排放的废气对人体造成的损害要低于常规石化柴油；另外，生物柴油比石化柴油更易发生降解。

　　（3）优异的低温发动机启动性能：不加入添加剂时的冷凝点就低达-20℃。

　　（4）良好的润滑性：采用生物柴油起到润滑机械部件的作用，使喷油泵、发动机机体和连杆等磨损降低，延长某些机械部件的使用寿命。

　　（5）良好的安全性：由于其燃点（闪点）较高，因此生物柴油在运输、储存、使用过程中比较安全。

　　（6）良好的燃烧性：由于生物柴油氧含量和十六烷值较高，故燃烧性比石化柴油要好。

　　（7）可调和性：生物柴油既可单独使用，也可按一定比例与石化柴油混合使用，具有一定的可调和性。

　　生物柴油的这些优异性能使得使用生物柴油作为燃料的发动机的尾气排放符合欧Ⅲ排放标准，且因生物柴油的 CO_2 排放量较低，远低于植物生长过程中 CO_2 吸收量，所以可有效解决温室效应对人类产生的不利影响。因此，生物柴油可谓真正意义上的"绿色能源"[28-30]。

1.2 生物柴油的制备方法

生物柴油的制备方法主要包括物理法、化学法和生物酶法三种。生物法包括酶催化酯交换法[31]。

1.2.1 物理法

物理法又分为直接混合法和微乳液法[32]。

直接混合法又称为稀释法，是将脱胶动植物与石化柴油按照一定的比例混合，这样做的目的是降低燃料黏度。但是这种方法在长期的使用过程中混合物会导致润滑油变浑。

微乳液法是将生物柴油与溶液形成微乳液使用，同时添加一些表面活性剂，从而有效改善其性能。但是这种方法会使润滑油黏度增加和存在积炭等问题。

物理法虽简单易行，但其十六烷值不高，而且在燃烧中产生的积炭和润滑油污染问题难以解决[33]。

1.2.2 化学法

化学法包括高温热裂解法[34]、酯化和酯交换法[35]、超临界酯交换法[36]。

高温热裂解法：在高温下，将油脂裂解成短链的碳氢化合物用来制备燃料油。王一平[15]等以木材和农作物的秸秆为原料进行快速热解，以藻类进行慢速热解来制备生物柴油。实验表明，通过高温热裂解法生产的生物柴油与普通柴油的性质很相近。而且操作简单，没有污染物产生。但是在高温下进行设备要求较高，反应较难控制，柴油产量不高。

酯化和酯交换法：是利用低碳醇与动物油或植物油（通常含有脂肪酸）中的脂肪酸甘油三酯在催化剂作用下进行反应生成脂肪酸单酯（即生物柴油）的方法[17]。酯交换反应涉及的化学反应方程式如下：

$$CH_2OOC-R_1 \qquad\qquad R_1-COOR \quad CH_2-OH$$
$$CHOOC-R_2 + 3HO-R \underset{\text{催化剂}}{\rightleftharpoons} R_2-COOR + CH-OH$$
$$CH_2OOC-R_3 \qquad\qquad R_3-COOR \quad CH_2-OH$$

甘油三酯　　　　　小分子醇　　　　单酯　　　　甘油

酯交换反应方程式

$$R-\overset{O}{\underset{}{C}}-OR_1+H^+ \leftrightarrow R-\overset{OH}{\underset{}{C^+}}-OR_1 \overset{^-OR_2}{\leftrightarrow} R-\overset{OH}{\underset{OR_2}{C}}-OR_1$$

$$\leftrightarrow R-\overset{OH}{\underset{OR_2}{C^+}}-OR_1 \leftrightarrow R-\overset{O}{\underset{}{C}}-OR_2+H^+$$

酸催化酯交换反应机理

$$R-\overset{O}{\underset{}{C}}-OR_1+{}^-OR_2 \leftrightarrow R-\overset{O^-}{\underset{OR_2}{C}}-OR_1 \leftrightarrow R-\overset{O}{\underset{}{C}}-OR_2+{}^-OR_1$$

碱催化酯交换反应机理

　　酸催化脂肪酸甘油三酯于醇酯交换反应中常用的酸性催化剂主要有 HCl 和 H_2SO_4 等。酸性催化剂的缺点在于催化剂活性较低，需要较高反应温度和较大醇油比，反应速率低，转化率也不够理想。而碱催化法采用的碱性催化剂一般为 NaOH、KOH 等。在无水情况下，碱性催化剂酯交换活性通常比酸性催化剂高，该法可在低温下获得较高的产率[36]。尽管以 NaOH、KOH 等为催化剂的催化酯交换反应有诸多优点，但是也有其缺点，如对原料要求很高，碱对原料中的游离脂肪酸和水分十分敏感，这也是限制其发展的一个重要因素。

　　超临界酯交换法[37]是近年来发展的制备生物柴油的技术。它是指当温度超过其临界温度时，气态和液态将无法区分，从而反应在单一相中进行。所以，超临界流体法制备生物柴油反应速率远快于均相催化法，产率也高于均相催化法。另外，该工艺制备生物柴油由于不使用催化剂，后处理过程大为简化。缺点是对设备要求较高，而且能耗较大。

1.2.3 生物酶法

生物酶催化制备技术是近年来发展的制备生物柴油的又一项新技术，脂肪酶来源广泛，具有选择性，底物与功能团专一性，反应条件温和，无需辅助因子，在非水相中能发生催化水解、酯合成、酯交换等多种反应。但是在反应中由于受到甲醇或者乙醇等短链醇类物质的影响，酶催化剂很容易失活。而且酶的价格较高，酶不能重复利用等问题使酶催化发展受到了限制[38]。

1.2.4 两步法

选用廉价的动植物油和废油是生产生物柴油经济的方法，但是这些廉价的废油成分复杂，一般含有较高的游离脂肪酸和水分。如果单纯采用酸催化或碱催化，都有各自的缺点，因而可考虑将两种方法结合使用，即对含有酸值原料油首先采用酸催化酯化反应将游离脂肪酸转化为脂肪酸甲酯，降低原料油中的酸值，待游离脂肪酸含量达到碱催化的要求时，再采用碱催化酯交换反应。两步法不仅避免了单独采用酸催化时的醇用量过高、反应时间过长，也避免了单独采用碱催化时游离脂肪酸过高导致的皂化现象[39-45]。

Liu 等[46]采用两步法，用离子交换树脂 D002 为酯化反应催化剂，用 KOH 为酯交换反应催化剂，从菜籽油中制备生物柴油。结果表明：用离子交换树脂固定床反应器可以将酸值为 97.60 降到 1.12mg KOH/g。用 KOH 酯交换反应转化率高达 97.4%。

Ghadge 和 Raheman[47]研究印度产含有高游离脂肪酸的 mahua（Madhuca indica）油制备生物柴油。在 60℃，甲醇和油的摩尔比为 0.30~0.35，硫酸作催化剂，通过两步预酯化反应，将游离脂肪酸的含量从 19% 降至 1% 以内，再用 KOH 催化酯交换生成生物柴油，转化率达 98%。

Zhang 等[48]用高酸值的花椒种子油为原料，分别用硫酸铁和氧化钙作为两步法中酯化反应和酯交换反应的催化剂，在最优反应条件下酯化反应酸值可降到 2mg KOH/g 以下，酯交换转化率高达 97.0% 以上。

Berchmans 和 Hirata[49]用天然麻疯树籽油为原料，采用两步法制备生物柴油。第一步是用 1% 油重的 H_2SO_4 作为催化剂、甲醇和油的摩尔比为 0.60、反应时间 1h 和温度 50℃。第二步是 1.4% 油重的 NaOH 作为催化剂、甲醇和油的摩尔比为

0.24、反应时间 2h 和温度 65℃，脂肪酸甲酯的产率达到 90%。

1.3　制备生物柴油的催化剂

制备生物柴油的催化剂分为三大类：均相催化剂、非均相催化剂和生物酶催化剂[50]。

1.3.1　均相催化剂

均相催化剂包括均相酸催化剂和均相碱催化剂。均相酸催化剂主要是指 HCl 和 H_2SO_4 等，均相碱催化剂主要是指 NaOH、KOH 等[51]。由于均相催化剂具有对原料质量要求高、反应结束后产物分离难、排放废水以及对设备腐蚀等严重缺点，因此研究人员把注意力集中到非均相催化剂的研究与开发上。

1.3.2　非均相催化剂

1.3.2.1　固体碱催化剂

固体碱催化剂包括碱金属负载催化剂、碱土金属氧化物和阴离子交换树脂。

碱金属和碱金属氧化物大部分都易溶于油脂和甲醇的反应体系中，因此学者们把其当作活性成分负载在载体中。制备碱金属负载型催化剂。这类催化剂的载体有沸石、氧化锌、氧化钙和氧化铝。Kim[52]等把 Na/NaOH/Al_2O_3 用于大豆油与甲醇的反应中，发现该催化剂的活性与 NaOH 的相同。虽然此类催化剂活性较高，但是这类催化剂的缺点是活性组分易流失。

碱土金属氧化物是指第二主族金属与氧形成的化合物，如 MgO、CaO 等。CaO 本身可以作为酯交换反应的催化剂，但是如果将其与其他金属氧化物如 ZnO、Al_2O_3、沸石和 SiO_2 混合制备成混合催化剂，催化效果更好。Yan 等[53]把 CaO 分别与酸性氧化物 Al_2O_3 和沸石、中性 SiO_2 以及碱性 MgO 混合制成混合催化剂，用于菜籽油制备生物柴油的反应，发现 CaO 与 MgO 混合催化剂的性能最好，在 64.5℃下菜籽油的转化率为 92.5%。虽然 CaO 催化制备生物柴油的研究较多，但是存在以下几个问题：第一，CaO 经过焙烧后机械强度降低，导致反应后容易形成悬浮物；第二，反应中催化剂容易流失；第三，反应中 CaO 可与甘油生成三羟基丙醇钙导致催化剂失活。阴离子交换树脂如 Dowex Monosphere 550A、D201 和 D261 由于催化剂本身在高温下不稳定，而且反应时间长于均相碱催化剂[54]，所以此催化剂的应用受到了限制。

1.3.2.2　固体酸催化剂

在工业上用酸催化剂受到的关注程度却远小于碱催化剂，这主要是因为酸催化酯交换反应比碱催化慢得多，但当甘油酯中游离酸和水含量较高时，酸催化更合适[55]。用酸催化剂制备生物柴油，游离脂肪酸则会在该条件下发生酯化反应，而且酯化速率要远快于酯交换速率。固体酸催化剂是具有给出质子和接受电子对能力的固体[56]，同时具有 Bronsted 酸和 Lewis 酸活性中心。固体酸在工业催化中起到了举足轻重的作用，用固体酸催化的反应有烷烃异构化、聚合、加成、裂化、烷基化、醚化等[57-59]。随着对固体酸的深入研究，根据其组成进行分类，见表 1-3。

表 1-3　固体酸分类

分类	固体酸
天然黏土矿物	高岭土、膨润土、蒙脱石、漂白土等
固体负载酸	SO_4^{2-}/Al_2O_3、SO_4^{2-}/ZrO_2、炭基固体酸等
杂多酸及杂多酸盐	硅钨酸、磷钨酸、Ni—Mo—Zr 杂多酸盐等
金属氧化物及复合物	Al_2O_3、ZrO_2、Mn_2O_7、SiO_2—Al_2O_3、SiO_2—ZrO_2等
无机盐及其复合物	$Fe_2(SO_4)_3$、$AlCl_3$—$CuCl_2$等
沸石分子筛	KA、NaX、NaY、CaX、ZSM-5 等
阳离子交换树脂	聚苯乙烯型磺酸树脂、全氟磺酸树脂 Nafion 等

固体酸催化酯化反应的活性较高，一些固体酸甚至达到了液体酸的催化水平[60]。其中负载型固体酸、分子筛和阳离子交换树脂的应用前景较好，Kiss 等[61]比较了阳离子交换树脂、分子筛和 SO_4^{2-}/ZrO_2 混合氧化物三类固体酸催化剂催化酯化反应的能力，认为离子交换树脂虽然表现出强酸性，但稳定性差。而分子筛由于油脂分子无法进入其孔道，所以不适合用于制备生物柴油。SO_4^{2-}/ZrO_2 则表现出高活性、高选择性、稳定性好等优点。但是 SO_4^{2-}/ZrO_2 这类催化剂的应用受制备条件影响较大，稍有失误就有可能报废，同时其颗粒极细，不易与反应液分离，这些都制约了这类催化剂的发展[62-64]。

Marchetti 等[65]研究了含有大量游离脂肪酸的油脂与乙醇的酯交换反应，以离子交换树脂为催化剂。4h 后脂肪酸乙酯的收率达到 80%，循环 4 次后催化剂的活性有所降低。曹宏远等[66]以硫酸锆为催化剂研究了大豆油与甲醇的酯交换反应过程。在醇油摩尔比为 6∶1、催化剂用量为 3%、反应温度为 65℃、反应时间 6h 的条件下，脂肪酸甲酯的收率可达 96.6%。制得的生物柴油与中国 0# 柴油（GB 252—1994 优级品）的主要性能指标接近。固体酸负载催化一次效果很好，但由于催化剂以物理吸附方式负载在载体表面，负载不牢固容易在物料流动过程中流失，同时固体催化剂活性受到反应混合物或反应物中微量水分的影响，最终造成催化性能急剧下降[67]。

1.3.3　酶催化剂

生物酶催化剂主要是脂肪酶，包括细胞内脂肪酶和细胞外脂肪酶。商业化的脂肪酶有脂肪酶 IM 60（mucor miehei）、脂肪酶 PS30（pseudomonas cepacia）和诺维信 435（C. antarctica）。除上述几种商业化脂肪酶外，大肠杆菌[68]、米根霉[69]，青霉[70]等微生物脂肪酶在生物柴油制备方面的研究也有报道。Nelson 等使用脂肪酶 IM 60 催化牛油与甲醇和乙醇的酯交换反应，在醇油摩尔比 3∶1、反应温度为 45℃、酶用量为 12.5%~25%条件下，牛油的转化率为 93%~99%。但是脂肪酶 IM 60 被醇和甘油毒化而失去活性[71]。Watanabe 等[72]通过三步添加甲醇的方法，在餐饮废油与甲醇的酯交换反应中用诺维信 435 做催化剂，得到了 90.4%的转换率。但总体来说脂肪酶的成本过高，而且短链醇对酶有一定的毒性，使酶的使用寿命缩短；副产物甘油对酶有毒性，也会使酶的使用寿命缩短。这些问题使酶催化制备生物柴油大规模应用受到了限制。

1.4　膜催化制备生物柴油及膜反应器

1.4.1　膜催化技术及其优点

膜催化技术是一种新的多相催化技术[73-76]，实现了膜分离与催化反应相耦合。膜催化技术实现了将反应与分离两个化工单元同时进行，从而简化了工艺流程。膜催化技术是通过催化剂和膜反应器的有机耦合（将膜催化材料制成膜反应器或将催化剂置于膜反应器中），反应物可选择性地通过膜并发生化学反应，或生成物有选择地透过膜而移出反应体系，从而调节膜反应器中某一反应物（或产物）的区域浓度，使热力学可逆平衡被打破而达到超平衡，因此提高了选择性和转化率。其显著的优点为：①高催化活性：由于催化膜孔结构的比表面积很大，单位表面积上暴露出较多的催化活性点，反应物混合物分子能更多更有效地吸附在催化剂粒子表面，因此催化膜的催化活性较高；②高选择性：膜的孔结构较多，微孔膜的孔径分布较分散，为加快分子扩散，可在制膜过程中通过一定方法有效控制孔径及孔径分布等，使催化剂的选择性得到提高，特别是对生物膜催化剂而言，其选择性可达到100%；③高稳定性：负载型的膜催化剂因催化剂与基膜结合较好，催化剂不易流失，故催化剂的稳定性和重复使用性较好[77-79]。

1.4.2 膜催化法制备生物柴油

膜催化法制备生物柴油是非均相催化的一种，通过膜材料设计与催化剂的负载能力调控可克服非均相催化剂的不足，并结合膜分离技术选择性地脱除反应产物，可突破反应平衡的限制以提高反应的转化率，同时实现产物的高效率、低能耗分离纯化。比如，在制备生物柴油工艺过程的酯化反应和酯交换反应中会产生水和副产物甘油（大约占生物柴油的10%），采用膜技术分离水、提纯生物柴油及副产物甘油将是一种行之有效的方法。因此，膜催化技术目前已经受到人们的广泛重视，并逐渐成为当今制备生物柴油的前沿研究领域之一[80-85]。

李建新[86]等在这方面开展了很多工作，制备出一种新型催化膜——聚苯乙烯磺酸（PSSA）/聚乙烯醇（PVA）共混催化膜，并用于"地沟油"催化酯化制备生物柴油。该膜在120℃下进行热处理，重复使用3次后催化效率仍保持在80%以上，比没有经过热处理的膜催化效率要高约30%，显示出较高的催化性能。同时，以PSSA/PVA共混膜作为催化膜催化酯化酸化油，找到最佳的醇油质量比、催化膜用量、反应温度和反应时间等生物柴油制备工艺条件，以及这些工艺条件对转化率的综合作用。此外，还将磺化聚乙烯醇（SPVA）与具有催化性能的固体超强酸 $Zr(SO_4)_2$ 混合配成铸膜液[87]，并以具有多孔结构的非织造布作为膜的内支撑，采用溶液相转化法制得 $Zr(SO_4)_2$/SPVA/非织造基多孔复合膜。并将制得的催化膜放入自制的膜反应器中，油酸和甲醇混合物在蠕动泵的作用下以强制对流的方式透过催化膜进行连续催化反应，结果发现该催化膜对酯化反应的催化效果较好。该催化膜实现了强化传质工艺下的高效催化[88]。Wimco 公司将膜分离和膜催化相结合研发出产量为 60t/d 的生物柴油成套生产设备，该设备的核心技术就是采用催化效率较高的高分子基催化膜。

1.4.3　膜催化反应动力学研究进展

据目前的文献报道，膜催化动力学研究所用的膜大多是无机膜，基于气液反应对膜催化反应动力学进行研究。然而无机膜存在一定的缺陷，如膜制备工艺较复杂，重复使用性不好。Ilinich O M[89]等经过研究，在 SiO_2-Al_2O_3 大孔陶瓷膜上固载 Pd-Cu 催化活性组分而制得陶瓷催化膜，并将其应用于加氢还原水中硝酸盐。由于 Pd-Cu 催化剂颗粒高度分散并负载于陶瓷催化膜中，膜大孔结构又有利于孔间强化传质，因此大大降低了反应物在催化剂颗粒孔内的扩散阻力，提高了反应速率。研究结果表明，反应混合物在膜孔中的强制对流使反应速率和转化率得到大幅度提高。

Schomarcker R[90]等在膜催化接触器中采用自制的新型 Pd-PAA 复合催化膜进行辛炔、1，5-环辛二烯等不饱和烃的催化加氢反应并研究其反应动力学。反应混合物在活性层膜孔中的强制对流过程使得反应物能更多更快地与活性点接触而发生催化反应，从而使反应速率提高。然而，该研究忽略了扩散对膜催化反应动力学的影响。

近年来，在膜催化制备生物柴油的反应动力学研究方面已有一些报道。研究发现，碱催化酯交换反应速率常数通常远大于酸催化酯交换反应速率常数，且速率常数大小与催化剂用量有关，即随催化剂用量的增大而增大[91-94]。Darnoko[95]等以 NaOH 为催化剂，棕榈油为反应原料进行了催化酯交换反应动力学的研究，发现酯交换反应呈现二级反应动力学特征。李为民[96]等以 KOH 为催化剂，以大豆油为原料进行了酯交换反应动力学研究，结果表明，反应起始阶段呈现二级反应，随后转为一级反应，最后呈零级反应，并且反应起始阶段的活化能为 47.71kJ/mol，频率因子 A_0 为 $6.01×10^7$L/(mol·min)。

Freedam[97]等分别以酸、碱作催化剂对大豆油等植物油与醇的酯交换反应动力学进行了研究报道，考察了反应级数和反应速率常数随温度、催化剂、醇油比等因素的变化规律。当醇油摩尔比为 30∶1 时，无论是选择酸还是碱作催化剂，酯交换反应均呈现准一级反应动力学特征。

邬国英[98]等以氢氧化钾为催化剂，以棉籽油为原料研究了酯交换反应制备生物柴油的动力学行为，发现在反应初期表现为二级反应，之后先转为一级反应，最后呈现零级反应。酯交换反应的活化能为 10.88kJ/mol，在 45℃、35℃下的初始阶段反应速率常数分别为 1.049L/(mol·min) 和 0.918L/(mol·min)。

目前，已经发表了很多关于酸催化酯化制备生物柴油的文献，但研究侧重于开发某种新型酸性催化剂并改变各方面条件对其催化活性进行考察，而对其反应动力学研究的文献较少，且其中大部分是针对酯交换反应而展开的研究。以往研究酯化反应动力学一般采用低分子量的短链醇、酸，很少采用含长链脂肪酸的高酸值废弃油脂与甲醇进行酯化反应的动力学研究。并且，很少有针对非均相酸催化酯化反应的动力学行为特征及动力学建模进行研究的文献报道。

清华大学彭宝祥[99]等采用浓硫酸、固体酸均相催化油酸和甲醇的酯化，并对其动力学进行了研究。在反应过程中按一定的间隔时间取样，通过改变醇油比、催化剂浓度、温度等条件，测定不同条件下油酸的转化率，对数据进行回归分析，得出均相催化酯化反应的动力学参数。该研究采用的是高压间歇反应釜装置，定时取样方法。

Shah[100]等采用新型聚醚砜微滤膜孔道接枝磺化聚苯乙烯链段作为非均相催化剂，对甲醇和乙酸的酯化进行了研究。结果表明，flow-through 反应模式连续反应时停留时间为 20s，和间歇反应 11h 具有相同的转化率。该研究同时对其动力学进行了探索，建立了动力学模型（关于醇油摩尔比、催化剂用量反应时间及反应温度对转化率的影响）。然而，该研究没有考察催化膜本身的参数(孔隙率、膜厚度等)对转化率的影响。

1.4.4 膜反应器概述

21 世纪膜技术得到了迅猛发展，而将膜技术与化学反应（特别是催化反应）进行结合的装置是膜反应器。膜反应器突破了常规反应器的热力学平衡限制，提高了反应转化率，同时能简化生产工艺，节能环保。因此，近年来膜反应器已成为人们研究的热点之一[89]。

如果按照反应物及产物在膜反应器中的流动方式分，膜反应器分为产物提取器、反应物分布器和催化接触器三种类型，每一类型的膜反应器都对特定的一类化学反应有利。第一种膜反应器是产物提取器（extractor），顾名思义是在反应过程中选择性地除去一种产物，所有的酯化反应结合渗透汽化都属于这一类。这类反应器可以去除一种产物打破酯化反应的热力学平衡的限制，促使平衡向生成物方向移动[101]。第二类膜反应器是反应物分布器（distributor），这类膜反应器可以对一种反应物浓度的分布进行控制，从而避免副反应的发生并提高反应的选择性。产物提取器和反应物分布器这两类膜反应器实现了分离与化学反应的结合，不仅使反应转化率与选择性有所提高，而且可以简化流程和节省装置投资，但对所用的膜材料提出了很高的要求。不仅要具有高的化学稳定性和热稳定性，而且对反应物或者产物有高的选择透过性。第三类是膜接触器（contactor）。膜接触器根据接触方式不同，又分为两种：一种是界面接触器（interfacial contactor），另一种是一次通过接触器（flow-through contactor）。如图 1-1 所示，界面接触器中反应物从膜的两侧进入膜中进行反应，这种接触器适应两种反应物不相容的情况，如气液反应[102]。

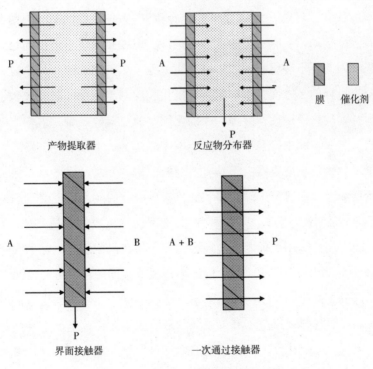

图 1-1　不同种类的膜反应器示意图

A，B—反应物　P—主产物

1.4.5　催化膜反应器发展

催化膜反应器是集催化反应过程和分离过程于一体的膜反应器，由于其各方面的突出性能而受到研究人员的青睐。目前，对膜催化反应器展开的相关研究还不多，从目前的文献报道看，大多集中于国外的研究机构，而且目前还较难实现工业化。影响膜催化反应器性能的因素很多，如反应物组成、物料流动方式、物料流动速率、催化剂本身的活性、催化膜的比表面积、膜的选择性、膜的渗透性、操作压力及温度等，但其中的决定性因素还是催化膜的性能[103]。活性组分负载可通过直接浸渍法或混合交联法实现。因此，多孔膜中催化组分的颗粒细度和催化组分在多孔膜中的分布均匀度还有待进一步提高。即便是一些新型催化膜，如 Pd-PAA 膜，其制备过程也较复杂。此外，由于反应物高速流经膜孔，这就要求膜具有较好的耐高压性能和耐高温性能。

目前催化膜反应器研究中存在一些迫切需要解决的问题：①高选择性膜的制备和分离过程的优化，目前，大部分膜的孔径为 $3\sim4nm$，虽然膜层较薄（$2\sim5\mu m$），无裂纹，孔隙率较均匀，有一定的选择渗透性，但膜孔径还不是小到足以得到很高的分离效果，因此还不能更有效地影响反应进程。②催化反应和分离过程一体化设计将增大整个过程的多方面技术难度，如催化膜反应器的设计难度较大、制造成本较高，密封材料的热稳定性不够高，膜催化反应的建模较困难，这些难题的解决还需要研究人员进一步深入研究[93]。

高分子催化膜及膜反应器由于具有传统的催化、分离过程所不具备的诸多优点和广阔的发展前景，在所需条件较缓和的化学反应中的应用研究受到研究人员的关注并取得了一定成果。然而，其催化/分离机理、催化膜制备过程中的结构调控、催化剂与基膜之间的作用机理、反应混合物及产物在催化膜上的吸附与扩散过程等关键性、基础性问题尚未完全明确，因此催化膜反应器的建模需要更深入的研究。

总之，高分子催化膜及膜反应器的研究还有很多需要解决的重要问题，需要借鉴催化学、高分子材料及反应工程等领域的最新成果并在此基础上有所创新，开发出具有高分离性、高催化性、高稳定性的"三高"催化膜材料，并研究出新型催化膜的制备新技术，设计合理优良的膜反应器和工艺流程，从而在相关化工生产中实现大规模工业化应用[104]。

1.4.6 催化膜反应器的优点

相比将催化反应与分离两过程分开的传统反应器，采用催化膜反应器的优势体现在[105]：①膜反应器将反应、分离两个化工过程实现一体化的设计，降低了设备投资；由于分离与反应同时进行，不必对未反应物进行复杂后处理，因此简化了生产工艺，并降低了能耗；价格昂贵的催化膜重复使用率较高，进一步降低了生产成本。②催化膜反应器打破了可逆反应的热力学平衡限制，提高了反应转化率，获得超平衡的转化率。有机反应通常是可逆平衡反应，传统的反应器常规设计由于要受可逆平衡转化率限制而无法提高转化率，而在膜催化反应器中，催化反应与产物的连续分离同时进行，使平衡向正方向移动，提高反应转化率，并可降低催化反应所需温度，提高催化剂的重复使用性。③产品后处理较方便，且能得到高纯度的产品。④对于多相催化反应，催化膜作为接触器，可加快反应物的传质，从而使反应速率得到提高。⑤可使较危险的反应（如 H_2 和 O_2 的反应）变得安全可控。⑥对于前一反应的产物即为后一反应的反应物的情况（如催化脱氢和催化加氢反应），膜催化反应器能将前后两反应过程进行耦合。⑦膜催化反应器可提高复杂反应过程的选择性，对于平行反应 A+B →C(D) 或串联反应 A+B →C+B → （D），如何防止副反应的发生，以获得更多的主产物(比如主产物为 C)，是一个关键性问题。通过膜催化反应器，将主产物设法从反应体系中分离出去，而副产物(比如是 D)的逐渐积累将抑制自身的继续生成，从而使反应更多地朝生成主产物 C 的方向进行，即有效提高了复杂反应的选择性[106]。

1.4.7 膜催化接触器及其优点

膜催化接触器不是严格意义上的膜反应器，因为它不能实现分离过程。但由于在消除催化剂粒子的孔内的分子扩散、加快强化传质等方面有显著优势，其多用于多相催化反应领域。膜催化接触器中的多孔膜通常本身具有催化活性，或者在多孔膜中均匀负载了催化剂，反应物和产物都较易透过。反应混合物流经膜催化接触器中的多孔膜进行催化反应，通过改变反应混合物流经多孔催化膜的速率可对反应物与催化膜的接触时间（即反应时间）进行控制。

膜催化接触器今后研究的重点主要为：探索催化组分如何高分散性均匀分布于

多孔膜孔结构中的负载方法，寻找更多可供选择的无机多孔膜载体，如何提高有机多孔膜的耐高压、耐高温性能，多孔膜中的传质特性及机理研究，膜催化接触器中的反应动力学模型的建立和研究[107]。

与球形颗粒催化剂及其他类型的膜反应器相比，膜催化接触器的优点表现在：①催化膜为整体式催化剂，工艺流程及操作较简单，避免了将催化剂与反应液进行分离的步骤；②催化活性组分固载并分散于大孔膜膜孔的内表面，高度分散性使有效反应面积大大增加；③膜孔内通过强制对流进行传质，由于分子扩散被抑制，因而反应混合物更容易与更多的催化活性点接触，对进一步提高反应速率和转化率十分有利；④反应混合物在催化膜膜孔中流过的停留时间易进行控制，且膜孔中的催化反应可认为是在近似理想平推流的条件下发生，这对产物选择性的提高十分有利[108]。

Schomarcker R[90]等将膜催化接触器与固定床反应器进行了比较，并阐述了其在串联反应中目标产物(设为中间产物 C)选择性的提高所表现出来的优势。当在传统的粉状负载型催化剂表面进行串联反应（设中间产物 C 为目标产物），产物 C 的选择性高低通常要受传质过程的影响。由于产物 C 不能足够快地从传统催化剂孔道中出来，因此不可避免地发生深度反应而生成副产物。对传统催化剂而言，有效扩散系数及催化剂颗粒大小将对产物在催化剂孔道中的停留时间产生影响。当催化剂负载在多孔膜上形成催化膜，并装配在特定反应装置中形成膜催化接触器，由于反应物在膜孔中以强制对流的方式通过，故膜孔内的涡流扩散极大地抑制了分子扩散过程。由于流速较大，催化活性组分表面反应生成的产物很快被带出膜孔，可避免返混现象的发生，从而使得反应物及中间产物流经多孔膜的停留时间分布窄，因此，膜孔中的反应物及产物的流动过程可近似看作平推流，反应选择性得到很大提高。

在膜催化接触器中采用一次通过工艺（flow-through 法）过程具有反应速率快、操作简单方便、停留时间易控制等优点，对于生物柴油制备生产有较好的应用前景。另外，flow-through 模式下，由于反应混合物以强制对流的方式流经膜孔，涡流扩散速率远大于分子扩散速率，反应物能更多更快地与催化膜活性点接触，因此具有较好的传质和催化性能，反应速率（催化活性）得到提高，从而提高反应转化率。因此，膜催化接触器中多孔膜的催化活性和选择性比传统催化剂要高，这是因为大孔催化膜内的传质过程与传统球形颗粒催化剂中的传质过程有很大区别。Ilinitch O M[89]等的研究结果表明，催化膜孔内的传质推动力主要是压力流（即涡流扩散），而传统球形颗粒催化剂孔内的传质推动力主要是分子扩散[109]。

第 2 章　SPES/PES 共混催化膜制备及酯化性能研究

　　现代材料科学的发展对材料的性能要求不断提高，许多科研工作者对聚醚砜材料进行改性，以提高它的亲水性，提高膜的透过性能和分离功能。聚醚砜的改性方法有很多，主要分为以下几类[110]：表面浸渍涂层改性、共混改性、共聚改性、侧链接枝化学改性。其中研究较多的是在聚醚砜侧链上接枝磺酸根的磺化改性，这是一种十分常用和有效的方法。改性后的分子式：

$$\left[\!-SO_2-\!\!\bigcirc\!\!-O-\!\!\bigcirc\!\!-\right]_n$$
$$(SO_3H)_x$$

　　聚醚砜经过磺化改性，不仅保持了聚醚砜本身的物理机械性能，而且提高了聚醚砜的亲水性能、膜材料的水透过率和抗污染能力，也提高了聚醚砜的血液相容性及其独特的离子交换特性，最重要的是磺酸基团有较强的离子交换能力，即催化活性[111]。黄嘉等通过实验证实了磺化聚醚砜的透过能力、分离能力及离子交换能力均优于聚醚砜材料。因此对聚醚砜的磺化改性及其应用的研究已日益重要，市场需求也越来越大[112]。目前磺化聚醚砜的生产主要集中在国外，如英国的 ICI 公司和 Albany 公司、德国 Akzo 公司等。国内的生产厂家较少，如上海浩沥过滤设备有限公司等。

　　目前，聚合物催化膜一般有两种膜材料形式。一是固体催化剂直接掺杂聚合物膜材料，这是目前制备聚合物催化膜较有效的方法。陈洪钫[113]等把 PVA 与 $Zr(SO_4)_2$ 通过简单的溶液共混制得杂化催化膜并与渗透汽化膜耦合，催化效率可进一步提高 50%。但是催化性能下降较快，主要是由于固体催化剂流失所致。如果用立体构型较小的戊二醛交联 PVA，流失情况大大减弱（约为立体构型较大磷酸交联膜的 1/4）。二是在聚合物分子链上引入强酸性基团（如-SO_3H 基团）赋予聚合物膜催化性能。Vital 等[114]以亲水性 PVA 为膜材料，以琥珀酸交联 PVA 膜并引入磺酸基团，得到催化性能明显优于 Nafion 膜（一种价格昂贵的全氟磺酸树脂）的膜催化材料（因为小分子反应物对 PVA 膜有更好的溶胀扩散能力）。Nguyen 等[115] 把全磺化改性的聚苯乙烯（PSSA）与聚乙烯醇（PVA）共混制备催化膜，由于 PSSA 和 PVA 二者具有良好的界面相容性，催化活性中心（-SO₃H 基团）分散均匀，负载牢固，用于催化丙酸和丙醇酯化反应表现出很好的催化效率和使用寿命。

本章主要将聚合物 PES 通过磺化反应制备 SPES 膜材料，再与聚醚砜共混制备 SPES/PES 共混催化膜用于植物酸化油间歇反应制备生物柴油。通过考察醇油质量比、反应温度及其催化膜用量对生物柴油转化率影响，获得最佳工艺条件操作参数。同时，制备三种不同磺化度的 SPES/PES 催化膜，探索其催化性能及重复使用性能。结合气—质联用对样品进行分析。

2.1　实验材料

2.1.1　实验药品

植物酸化油，153mg KOH/g，中国湖北星宇能源科技开发公司。聚醚砜，BASF 3010，德国 BASF 公司。甲醇、无水乙醇、氢氧化钾、酚酞、浓硫酸、氯磺酸、N-甲基-2-吡咯烷酮、无水乙醇、氢氧化钾，分析纯，中国天津市科密欧化学试剂有限公司。

2.1.2　实验仪器

数控电热套，SXKW 数显控温电热套，北京中兴伟业仪器有限公司。电动搅拌器，D8401 型多功能调速器，天津市利化仪器厂。旋转蒸发器，RE52CS-1，上海亚荣生化仪器厂。循环水真空泵，SHZ-D，巩以市予化仪器有限责任公司。气—质联用仪，6890N GC/5973 MS，Agilent Technologies 公司。电子天平，Sartorius Group，ACCULAB 公司。恒温磁力搅拌器，85-2 型，巩以市英予化仪器厂。

2.2　实验方法

2.2.1　磺化聚醚砜制备

将 PES 放在 110℃ 真空烘箱里除去游离的水分，然后把 40g PES 加入盛有

100mL H_2SO_4（质量分数 98%）的三口烧瓶中，在室温下搅拌溶解形成均一的溶液。然后将 40mL 氯磺酸（CSA）逐滴加入该溶液，搅拌速度为 800r/min。在 10℃下反应数小时后，将反应产物慢慢滴入冰水中沉淀，滤出沉淀，用去离子水洗至 pH 6~7，在真空干燥箱内 60℃烘干后保存待用[116]。通过改变磺化反应时间 0~12h，可以制备磺化度为 0~50%的 SPES 膜材料。

2.2.2 磺化聚醚砜表征

（1）SPES 磺化度（DS）测试

磺化度[117]是指聚醚砜分子链上含有的磺酸基团的重复结构单元占聚醚砜原有重复单元的百分数。具体步骤：称取一定量干燥的 SPES 固体溶于 N-甲基-2-吡咯烷酮（NMP）中，用 0.1mol/L 标准 NaOH 溶液滴定。磺化度可按下式计算：

$$DS = \frac{0.232cV}{m - 0.08cV} \tag{2-1}$$

式中：c——标准 NaOH 溶液的浓度，mol/L;

$\quad\quad V$——消耗的标准 NaOH 溶液体积，L;

$\quad\quad m$——SPES 的质量，g。

（2）SPES 膜离子交换容量（IEC）测定[118]

离子交换容量是表示单位质量或单位体积所能交换的离子（相当于一价离子）的物质的量，它表示离子交换材料交换能力的大小。

测定离子交换容量的方法：将一定量 H^+ 型的离子交换膜置于烧瓶中，然后加入 10mL NaCl 溶液（0.1mol/L），Na^+ 与离子交换膜上的 H^+ 进行交换，交换下的 H^+ 用已知浓度的 KOH 溶液滴定。反应如下：

$$RH+Na^+ \longrightarrow RNa+H^+$$

$$H^++OH^- \longrightarrow H_2O \tag{2-2}$$

根据 KOH 的浓度和滴定消耗的体积计算离子交换容量，计算公式如下：

$$IEC = \frac{c \times \Delta V}{M} \tag{2-3}$$

式中：IEC——离子交换容量，meq/g 或 mmol/g;

$\quad\quad c$——氢氧化钾标准溶液的浓度，mol/L;

$\quad\quad \Delta V$——滴定所需氢氧化钾标准溶液的体积，mL;

M——膜的质量，g。

改变磺化反应时间可制备三种磺化度的 SPES，如表 2-1 所示。

表 2-1　不同磺化度 SPES 的 IEC 值

编号	PES/g	CSA/mL	磺化温度/℃	磺化时间/h	磺化度/%	IEC 值/（mmol/g）
SPES 1	20	40	10	10	39.1	1.48
SPES 2	20	40	10	6	20.3	0.82
SPES 3	20	40	10	3	9.7	0.40

2.2.3　催化膜制备

将上述制备的 SPES 溶于 NMP 中，配制成 15%（质量分数）的溶液，然后刮在玻璃板上，在 60℃真空烘箱中充分干燥制得 SPES 催化膜。由于直接使用 SPES 膜较脆，导致其重复使用性较差，所以本实验又制得 SPES/PES 共混膜。具体步骤为：先将 15 g PES 溶解在 155 g NMP 中，待充分溶解后加入 30 g SPES，搅拌形成均一的溶液。然后待溶液静止脱泡后，刮在玻璃板上，在 60℃真空烘箱中充分干燥制得 SPES/PES 催化膜[119]。如果没有特殊说明，用的都是磺化度为 20.3% SPES：PES 的质量比为 2：1 的催化膜。

2.2.4　酸值测试和转化率计算

酯化反应所进行的程度通过酸值和转化率来表示。

本实验采用 GB/T 5530—2005 中的热乙醇法测定油样酸值。标准中规定酸值（acid value）是中和 1g 油脂中的游离脂肪酸所需氢氧化钾的毫克数，用 mg/g 表示。采用热乙醇法就是把试样溶解在热乙醇中，然后用氢氧化钾水溶液滴定。实验流程如下。

（1）测定过程

将溶有 0.5mL 酚酞指示剂的 49.5mL 乙醇溶液置于锥形瓶中，加热至沸腾，接着用 0.1mol/L 的氢氧化钾溶液滴定至变淡粉色。并保持溶液 15s 不褪色，即为终点。将中和后的乙醇转移至装有测试样品的锥形瓶中，充分混合，煮沸。用氢氧化钾溶液滴定，滴定过程中要充分摇动。至溶液颜色发生变化，并保持溶液 15s 不褪色，即为终点。

（2）酸值计算

$$S = \frac{56.1 \times c \times \Delta V}{m} \tag{2-4}$$

式中：ΔV——滴定前后 KOH 的消耗量，mL；

   m——样品油的质量，g；

   c——氢氧化钾的浓度，mol/L；

  56.1——氢氧化钾的摩尔质量，g/mol。

（3）转化率（C）计算[120]

$$C = \frac{S_i - S_t}{S_i} \times 100\% \tag{2-5}$$

式中：S_i——反应前油的酸值，mgKOH/g；

   S_t——反应后油的酸值，mgKOH/g。

2.2.5　间歇催化酯化实验

在 250mL 的三口烧瓶中按比例加入酸化油和甲醇，再根据油的总质量按质量百分数加入剪成小片的 SPES/PES 或者 SPES 催化膜，安装上回流冷凝管和机械搅拌，然后将三口烧瓶置于数控电热套中。到达反应时间后，取出产物，进行离心、分液和减压蒸馏，产物即为脂肪酸甲酯。

2.2.6　气—质联用仪测试产物

气相色谱—质谱联用仪（GC—MS）为 HP 公司 5890-5971 型。毛细管柱：HP-5MS 30×0.25×0.25。实验参数：进样口温度为 250℃，检测器 280℃，倍增器电压 1800V。程序升温：40℃维持 2min，15℃/min 升至 250℃，维持 20min。

2.3　结果与讨论

2.3.1　催化酯化反应研究

2.3.1.1　醇油质量比对酯化反应的影响

在反应时间为 5h，反应温度为 65℃，催化膜用量为 1.35mmol/g 油的条件下，考察醇油质量比对酯化反应的影响。醇油质量比对生物柴油的成本起着重要的作用，醇油质量比对酸化油的转化率影响较明显。当醇油质量比为 0.5∶1 时，转化率为 78.3%。当醇油质量比从 0.5∶1 上升至 1∶1 时，转化率达 97.1%。然而随着醇油质量比的进一步增加，转化率几乎保持稳定，该结果与 Yadav 等描述一致[121]。

2.3.1.2　反应温度对酯化反应的影响

在反应时间为 5h，催化膜用量 1.35mmol/g 油，酸化油与甲醇质量比为 1∶1 的条件下，从 35℃ 到 65℃ 转化率有显著增加。可能是因为酯化反应是可逆反应，在反应过程中升高反应温度使反应速率和平衡常数增加。但是当反应温度从 65℃ 上升到 75℃ 时，转化率基本不变，主要是因为在高于甲醇沸点(64.5℃)时，甲醇就会变成气态，所以选择反应温度为 65℃，转化率为 93.0%。

2.3.1.3　催化剂用量对酯化反应的影响

在反应时间为 5h，反应温度为 65℃，醇油质量比为 1∶1 的条件下，考察催化膜用量对酯化反应的影响。催化剂用量增加，酯化率显著提高。在催化膜用量为 0.45mmol/g 油和 1.20mmol/g 油的时候，转化率分别为 56.7% 和 90.2%。当催化膜用量从 1.20mmol/g 油增加到 2.00mmol/g 油时，转化率基本保持不变，该结果与 Saha 等报道一致[122]。

2.3.1.4　反应时间对酯化反应的影响

在催化膜用量为 1.35mmol/g 油，酸化油与甲醇质量比为 1∶1，反应温度为 65℃ 条件下，随着反应时间的延长，膜的催化转化率增大。反应 4h 后，催化转化率达 90.0%。到 5h，膜的催化转化率趋于稳定，转化率在 96.0% 以上。

2.3.2　催化剂重复使用性能

在催化膜用量 1.35mmol/g 油，酸化油与甲醇质量比为 1∶1，反应温度为 65℃，每次反应时间 5h 条件下，测试不同磺化度 SPES/PES 催化膜的重复使用性。从图 2-1 中可以看出，第一次反应磺化度为 20.3% 和 39.1% 的 SPES/PES 膜催化性能基本相同。随着反应的多次重复进行，磺化度为 20.3% 的催化膜在使用三次后转化率基本保持 80.0% 以上，但是磺化度为 39.1% 的催化膜从重复使用第二次到第五次转化率一直在下降，从 92.8% 降到 70.4%。这说明磺化度大的 SPES/PES 催化膜稳定性差，可能是磺化度大的催化膜磺酸基团容易流失的缘故。

而磺化度为 9.7% 的 SPES/PES 催化膜由于磺酸基团被包裹，没有暴露出充足的活性点，导致催化效果较差，所以磺化度小的 SPES/PES 催化膜也不适合做酯化反应的催化剂。通过对比，可以得出磺化度为 20.3% 的 SPES/PES 催化膜的催化性能及稳定性能最好。

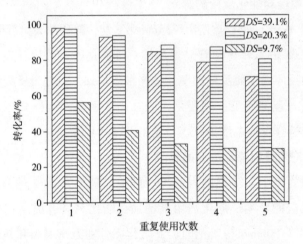

图 2-1　不同 DS 的 SPES/PES 共混膜重复使用性能对比

在相同催化膜用量（1.35mmol/g 油）下，本章还比较了磺化度都为 20.3% 时 SPES/PES 和 SPES 两种膜的重复使用性能。从图 2-2 中可以看出，重复使用一次

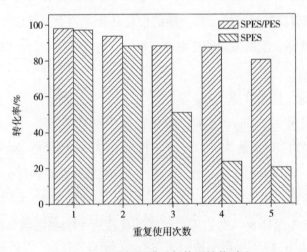

图 2-2　两种催化膜重复使用性能对比

时 SPES/PES 和 SPES 两种膜的催化性能都较好，转化率均为 97.0% 以上。但是重复使用三次后，SPES 膜催化转化率从 97.2% 下降到 53.2%，而 SPES/PES 膜重复使用三次后基本上保持稳定。重复使用五次以后，SPES 膜转化率为 20.1%，而 SPES/PES 膜的转化率为 80.1%。很明显，SPES/PES 膜的稳定性优于 SPES 膜。这是因为 SPES 太脆，导致 SPES 膜重复使用性降低，在机械搅拌过程中易碎而流失所致。在不影响膜催化性能的基础上混合 PES 后，可以提高催化膜的机械强度，避免由于单独使用 SPES 膜较脆致使活性基团流失，催化膜稳定性下降。

2.3.3　产物成分分析

磺化度 20.3% 的 SPES/PES 催化酯化酸化油中的脂肪酸，将其转化成相应的脂肪酸单酯。采用气相色谱和质谱联用仪对样品的组分进行分析，对气相色谱图中的各个峰进行标号，标号见表 2-2。

表 2-2　样品的质谱分析

编号	保留时间/min	峰面积	组分	匹配度
1	10.993	1.87	NMP	95
2	17.857	3.83	肉桂酸甲酯	98
3	19.547	24.13	棕榈酸甲酯	98
4	19.975	5.86	硬脂酸甲酯	93
5	21.095	27.76	油酸甲酯	99
6	21.496	10.63	亚油酸甲酯	97
7	23.000	3.27	亚麻酸甲酯	91
8	23.271	2.31	二十酸甲酯	95

由表 2-2 可得，对应 2 至 8 号峰的产物成分分别是肉桂酸甲酯、棕榈酸甲酯、硬脂酸甲酯、油酸甲酯、亚油酸甲酯、亚麻酸甲酯和二十酸甲酯。主要产物酯类占总峰面积的 80.5%，符合生物柴油的相关规定[123]。另外，8 个主要峰的匹配度均在 90% 以上，说明所得产物的成分确定较准确。

2.4　本章小结

采用磺化法改性聚醚砜制备磺化度分别为 9.7%、20.3%和 39.1%的三种 SPES 膜材料，进而制成 SPES/PES 共混膜用于催化酯化间歇反应制备生物柴油。结论如下：

（1）磺化度为 20.3%的 SPES 与 PES 形成的共混催化膜的催化性能和重复使用性最优。SPES/PES 共混膜比 SPES 膜具有更好的重复使用性能。

（2）在最佳工艺条件即反应温度 65℃、反应时间 5h、催化膜用量 1.35mmol/g 油，其植物酸化油（酸值为 153mg KOH/g）和甲醇质量为 1：1 的条件下，间歇反应制备生物柴油的转化率达 97.0%以上。

（3）对产物进行气—质谱联用分析可知，产物主要成分为肉桂酸甲酯、棕榈酸甲酯、硬脂酸甲酯、亚麻酸甲酯、亚油酸甲酯、油酸甲酯和二十酸甲酯。主要产物酯类占总产物的 80.5%，符合生物柴油的相关规定。

第3章 SPES/PES/NWF 复合催化膜制备及微结构调控

无支撑体的聚合物催化膜制备方法主要是基于小分子酸/醇酯化催化方面应用发展而来的，虽然对于以"长链"脂肪酸（含 14~20 个碳原子）或油脂为原料的生物柴油制备有很大的借鉴意义，但是又存在明显的不同。小分子酸和醇体积小、具有亲水性，对膜渗透扩散性强，因此，催化反应不仅可在催化膜表面进行，也可在膜本体进行，表现出扩散—反应联合控制动力学过程。而对"长链"脂肪酸或油脂体系来说，其动力学控制过程并不如此，这是由于亲油性"长链"脂肪链对亲水性催化膜的渗透扩散能力十分有限，如"大分子"橄榄油对 Nafion 树脂片的溶胀扩散能力很低，仅为甲醇的 1/40，难以扩散到催化膜本体，催化反应主要发生在膜表面，膜的有效表面积成为影响膜催化性能的重要因素。综上所述，设计一种新型催化膜，兼具以下四个特征：丰富的微孔道结构、催化活性基团在微孔道表面高强度和高密度负载、具有高机械强度、满足适宜于强化传质过程的工艺结构特征，将能克服当前催化膜的技术缺陷，得到高效率、长寿命的催化膜。关于这方面的工作在气相反应方面已有一定的研究，但在催化液相反应方面还没有新的研究进展，这主要是因为液体介质对膜材料的溶胀作用对催化膜提出了更高的性能要求，目前，仅有加拿大 WIMCO 公司[124]开发出了一种被称为"叠式"催化膜用于生物柴油制备，反应混合物在外压力作用下"强化"传质透过（flowthrough）叠式膜。但是，由于该膜采用传统的杂化制备方法，还是没有很好地解决催化剂流失的问题。近年来，使用非织造布为内支撑材料制备复合催化膜具有明显的优点：一是提高膜强度，避免催化膜在使用过程中因压缩变形而增加传质阻力，甚至破坏膜结构；二是内支撑膜材料可以用来调控复合膜微/宏观结构，制备出具有丰富微孔道的复合膜。

本章主要采用 NWF（非织造布）为支撑材料，充分利用 NWF 丰富的孔道结构，以 SPES 和 PES 共混物为铸膜液，采用相转化法制备 SPES/PES/NWF 多孔复合催化膜。通过 PEG 浸泡法和碱水解两种方法分别改性 NWF，并通过热重和固体核磁定量表征 NWF 中酯基被改性为羧酸基团的程度。阐释成膜条件即铸膜液浓度、凝固浴种类及组成和溶剂种类等复合催化膜微结构调控规律。采用 FESEM 和压汞仪对复合膜的微结构和孔径大小进行表征，用酸碱滴定法测定复合膜离子交换容量。

3.1　实验材料

聚酯 NWF 主要成分为聚对苯二甲酸乙二醇酯(PET)，生产厂家为天津幸福纺织有限公司。纤维密度为 0.0198g/cm², 选用聚酯 NWF 的厚度分别为 0.502mm，0.983mm，1.482mm，2.109mm 和 2.611mm。N-甲基-2-吡咯烷酮，N，N-二甲基乙酰胺，N，N-二甲基甲酰胺，分析纯，天津科密欧试剂有限公司。

3.2　实验方法

3.2.1　非织造布改性

采用 NWF 作为支撑材料，是因为 NWF 没有经纬线，由聚酯纤维任意交叠而形成的网状结构，从而增加了液料流动的多样性，客观上增加了催化接触面积和时间。同时 NWF 表面较粗糙，孔径较大，有利于铸膜液在 NWF 表面和内部的吸附，所以 NWF 是一种理想的催化膜负载支撑材料[125]。

由于疏水性 NWF 具有较低的表面自由能，为了提高基膜表面的浸润性，有利于制膜液均匀牢固地附着在基膜上，在浸泡前选择表面活性剂对 NWF 进行预处理。表面活性剂对疏水性基膜具有一定的亲和性，将 NWF 在一定浓度含有表面活性剂的溶液中浸泡一定时间，使其均匀地附着于 NWF 表面和孔隙内表面。当 NWF 与铸膜液接触时，增加了铸膜液与 NWF 表面的润湿性，使铸膜液能均匀地附着在 NWF 的表面，起到在疏水性 NWF 和亲水性制膜材料 SPES 之间的亲和架桥作用[126]。可采用两种方式对 NWF 进行改性。

方法一：采用 5%(质量分数)聚乙二醇(PEG-600)的水溶液对 NWF 进行改性。

将 NWF 放在 PEG-600 溶液中，在 50℃恒温超声振荡器中低速振荡 4h，将聚乙二醇吸附在 NWF 表面。然后把制得的改性 NWF 放入去离子水中漂洗，最后置于电热恒温鼓风干燥烘箱中烘干备用。

方法二：采用碱催化水解法先对 NWF 进行改性。首先配制 5g/LNaOH 的乙醇溶液，然后加入 1g/L 十六烷基三甲基溴化铵固定促进剂水溶液。NaOH 的乙醇溶液和固定促进剂的水溶液的体积比为 50：1。将 NWF 放在上述溶液中，在 50℃恒温超声振荡器中低速振荡 4h。然后把制得的改性 NWF 放入去离子水中漂洗，最后置于电热恒温鼓风干燥烘箱中烘干备用。

3.2.2　复合膜制备

3.2.2.1　表面涂覆法和浸渍涂覆法

表面涂覆法通常有两种方式：一种是利用刮膜机进行表面涂覆，另一种是浸泡涂覆法[127]。

刮膜机涂覆法是将基膜固定在刮膜机上，然后通过滚轴带动基膜滚动。接着将铸膜液倒入连接有刮刀的液槽中，通过调节基膜与刮刀的距离来控制复合层的厚度。该方法只是把铸膜液涂在基膜的表面，铸膜液较难充分进入膜孔。此外，刮膜机费用昂贵，而且只适合制作平板复合膜。日本 Niito 公司采用浸泡涂覆法制备膜表面以及膜孔内都涂有聚乙烯醇的复合超滤膜[128]。该方法依靠聚乙烯醇分子间范德华力和分子扩散运动使聚合物在基膜表面和膜孔内形成复合层。还有研究采用流延法，该方法是将铸膜液倾倒在基膜表面，然后通过流延使铸膜液在基膜表面分布均匀，最后烘干成膜。这种方法也不能使铸膜液充分进入基膜孔内。李娜[129] 通过"动态过滤法"制备复合超滤膜，该膜内外表面都有亲水性聚乙烯醇交联层。"动态过滤法"是在泵的压力下，使铸膜液在基膜表面流动并穿过基膜膜孔。

本研究的实验曾采用"动态过滤法"，但由于随着铸膜液浓度的增大，黏度随之增大，需要的过滤压力也增加，出现了堵塞现象。因此"动态过滤法"不适合铸膜液浓度较高的情况，所以采用浸泡涂覆法制备复合膜。为了提高 PES 和 SPES 分子在 NWF 中的扩散速率，本研究采用超声振荡方式，增加传质推动力；同时通过超声振荡，使铸膜液在 NWF 表面均匀分布，有利于形成较均匀的复合膜。

3.2.2.2　复合膜制备

（1）配制铸膜液

先称取一定量的 PES 加入 N，N-二甲基吡咯烷酮中，以 50℃ 的加热温度搅拌溶解成均一相溶液后，加入一定量 SPES，并搅拌以确保催化剂粒子在溶液中分散均匀，待溶解分散完全后，静置脱泡，配制成铸膜液。

（2）复合催化膜的制备

①将处理过的 NWF 剪出一定面积，置于无水乙醇中浸泡 24h，以去除膜表面的杂质，取出晾干。

②将干燥过的 NWF 充分浸入铸膜液中。

③用浸渍方法制备催化膜，20min 后将取出进行相转化法制备复合膜。

④凝固成型 30min 后，制备出 SPES/PES 复合催化膜。

基于以上五种不同厚度的聚酯 NWF，制得了五种厚度的 SPES/PES/NWF 复合催化膜，即 0.708mm，1.215mm，1.723mm，2.314mm 和 2.820mm。

3.2.3　复合膜表征

3.2.3.1　压汞仪

复合催化膜孔径分布及孔隙率的测定：采用 Auto pore Ⅳ 9500 Ⅴ1.07 型压汞仪即汞注入法，测量孔径、总的孔表面积、孔隙率等。该方法是把汞注入复合膜中，记录不同压力下注入汞的体积，即每个压力下对应一个孔径的值。在较低压力下，复合膜的大孔被汞注满，随着压力的增加，复合膜的小孔也渐渐被注满。当汞充满复合膜的所有孔时，该压力下注入汞的量达到最大值。因此该方法测出的孔径及孔隙率大小是通过单位质量膜进汞量的多少测得的[130]。

3.2.3.2　场发射扫描电镜

采用场发射扫描电镜（FESEM，S-4800，日立公司）对 NWF、催化膜表面及断面结构进行观察。使用冻干机将膜冻干，液氮将 NWF、膜脆断，以观察二者的断面结构，以免引入外界应力对断面结构造成影响。拍照之前对样品的横截面及表面喷金，增加其导电性。

3.2.3.3　红外光谱

红外光谱（FTIR）分析：采用德国 BRUKER 公司 FTIR TENSOR 37 红外光谱仪。

3.2.3.4　热分析

DSC 和 TG 分析：样品的热稳定性在德国 NETZSCH 生产的 STA409 PC thermo-gravimety（TG）热分析仪下进行。分析条件：氮气气氛，升温速率 10℃/min，升温范围 30~700℃。用经干燥处理的复合膜和 NWF 进行分析，以考察膜制备过程中结构和重量的变化。

3.2.3.5　固体核磁测试

固体核磁测试仪：瑞士 BRUKER 公司 AVANCE Ⅲ 400MHz 宽腔固体核磁共振谱仪。

3.2.3.6　SPES/PES 膜静态接触角测试

SPES/PES 膜的静态接触角采用躺滴法（sessile drop），使用 TYSP-180 型光学接触角/表面张力仪（日本 Nikon 公司）上进行。接触角测量误差范围为±1°。由于液滴在固体表面的接触角数值与环境温度和液滴体积有很大的关系，所以本实验条件选为在室温（25℃）下每次液滴量控制在 5μL，选择样品膜的 5 个不同位置进行测量，然后取其平均值。

3.3　结果与讨论

3.3.1　非织造布筛选与改性

3.3.3.1　非织造布筛选

NWF 的选择：1#非织造布，总的孔面积为 0.05m²/g，孔隙率为 28.77%。2#非织造布，总的孔面积为 2.06m²/g，孔隙率为 35.04%。由以上分析可知，孔面积和厚度表征了催化膜负载能力的大小。孔隙率的大小影响孔径大小分布，比表面积决定纤维的表面积大小。NWF 具有较大的孔隙率和比表面积，因此催化膜涂覆在 NWF 上的量越多，即催化剂粒子越多，催化性能越好。所以选择 2#NWF，以下实验如果没注明，使用的都是 2#NWF。

3.3.3.2　非织造布改性

首先采用 PEG-600 的水溶液对 NWF 表面进行改性，改善纤维表面极性，以增强 NWF 纤维与成膜材料之间的相容性。用 PEG 改性 NWF 前后的 FESEM 对比如图 3-1 所示。

（a）未处理的NWF表面（×3000）

（b）经过PEG-600处理的NWF表面（×3000）

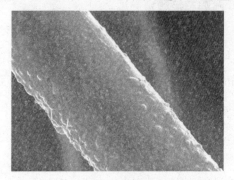

（c）经过PEG-600处理的NWF表面（×5000）

图3-1　用PEG改性NWF前后FESEM对比图

图3-1（a）为未经过PEG处理的NWF单根纤维表面。图3-1（b）和（c）为经过5%（质量分数）PEG-600处理的NWF单根纤维表面。由于NWF表面具有疏水性，用PEG-600处理后可以提高基膜表面的浸润性，有利于制膜液均匀牢固地附着其上。

第二种方法是采用碱催化水解法先对NWF进行改性。图3-2所示为非织造布经过不同浓度NaOH乙醇溶液处理前后的FESEM对比图。从图中看出，非织造布纤维未处理前表面很光滑，用5g/L NaOH乙醇溶液处理后NWF纤维表面出现凹槽，用10g/L NaOH乙醇溶液处理后纤维表面出现明显的腐蚀[9]，这导致非织造布纤维机械强度下降。所以要在不影响NWF纤维机械强度下选择5g/L NaOH乙醇溶液对NWF的表面进行改性。

（1）非织造布改性红外（FT—IR）分析

红外光谱是聚合物表面结构最常用的手段之一，最有用的部分处在电磁频率4000～400cm^{-1}范围。可以根据吸收峰的频率观察聚合物可能的官能团和化学键。

（a）未处理的NWF表面（×2000）　　　（b）5g/L NaOH 乙醇溶液处理后的NWF表面（×2000）

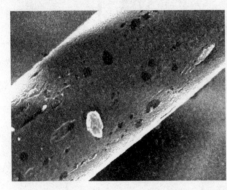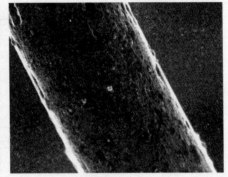

（c）5g/L NaOH乙醇溶液处理后的NWF表面（×5000）（d）10g/L NaOH乙醇溶液处理后的NWF表面（×5000）

图 3-2　NaOH 乙醇溶液处理 NWF 前后 FESEM 对比图

图 3-3所示为用 5g/L NaOH 乙醇溶液处理后 NWF 前后的红外对比图。记 5g/L NaOH 乙醇溶液处理的 NWF 为 5g/L MNWF，同理，10g/L NaOH 乙醇溶液处理的 NWF 为 10g/L MNWF。

从图 3-3 中可以看出，对比 NWF 红外谱图，在处理过的 NWF（MNWF）红外谱图上出现了新的吸收峰，位于 1593 cm^{-1}羧酸吸收峰和 1549 cm^{-1}羧酸盐的吸收峰。这说明 NWF 中部分酯基被改性为羧酸基团或者羧酸盐。为了量化 NWF 被改性的部分，下面通过热重分析进一步得出。

（2）非织造布改性热重(TGA)分析

图 3-4 所示是 NWF、5g/L MNWF 和 10g/L MNWF 的 TGA 图。由图可见，NWF、5 g/L MNWF 和 10g/L MNWF 均出现大致在 400℃左右失重峰，这是 NWF 整个分子链的分解所致。5g/L MNWF 膜第一个失重峰出现在 163.9 ℃左右，大约失

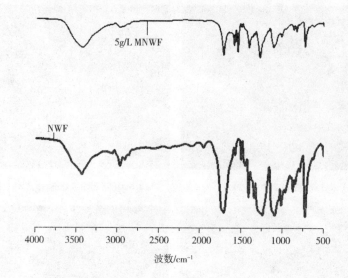

图 3-3　5g/L NaOH 乙醇溶液处理 NWF 前后红外谱图

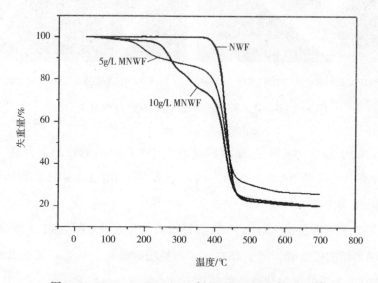

图 3-4　NWF、5g/L MNWF 和 10g/L MNWF 的 TGA 图

重 10.60%（质量分数），这是由于 NWF 被改性接枝上的羧酸基团脱出所致。同样，10g/L MNWF 膜第一个失重峰在 76.2℃，这是由于改性 NWF 亲水性较高，表面吸收一些游离水的失重峰；第二个失重峰出现在 242.5℃左右，大约失重 23.53%，这是由于 NWF 被改性接枝上的羧酸的脱出所致。通过计算可以得出，5g/L MNWF、

10g/L MNWF 纤维被改性的部分分别为 3.1% 和 5.6%（质量分数）。NWF、5g/L MNWF、10g/L MNWF 失重峰质量变化见表 3-1。

表 3-1　NWF、5g/L MNWF 和 10g/L MNWF 失重峰质量变化

样品名称	第一失重峰起点/℃	第一失重峰质量变化/%	第二失重峰起点/℃	第二失重峰质量变化/%	第三失重峰起点/℃	第三失重峰质量变化/%	样品质量/mg	质量残留/%	羧酸基团质量分数/%
NWF	—	—	—	—	404.9	79.75	35.98	20.26	—
5 g/L MNWF	163.9	10.60	270.8	2.07	400.4	61.44	28.05	25.89	3.1
10 g/L MNWF	72.6	1.64	242.5	23.53	406.1	54.53	25.04	20.31	5.6

（3）非织造布改性固体核磁共振氢谱（soild state ^{1}HNMR）分析

图 3-5 所示是 NWF、5g/L MNWF 和 10g/L MNWF 的固体核磁共振氢谱图。从图中可以得到，在 $175×10^{-6}$ 处为 5g/L MNWF 和 10g/L MNWF 的固体核磁共振氢谱中均出现羧酸基团的峰。通过计算可以得出 5g/L MNWF，10g/L MNWF 非织造布纤维被改性的部分分别为 3.4% 和 5.8%（质量分数）[133]，这与 TG 的结果较一致。

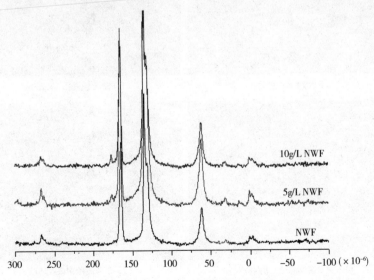

图 3-5　NWF、5g/L MNWF 和 10g/L MNWF 的固体核磁共振氢谱图

3.3.2 复合催化膜结构表征

成膜条件为：铸膜液浓度为 10%（质量分数），凝固浴为乙醇，溶剂为 NMP。图 3-6 为 NWF 和 SPES/PES/NWF 复合催化膜的 FESEM 图。从图 3-6 (a)~(c)中可以看出，在 SPES/PES/NWF 复合催化膜中，SPES/PES 不仅包裹在单根纤维的表面，而且纤维与纤维之间也形成海绵状的孔结构。复合膜表面孔径大小均匀，孔道贯通[134]。图 3-6(d)~(f)为 SPES/PES/NWF 复合催化膜的断面图。

从图 3-6 中可以看出，NWF 纤维是贯穿在膜内部，纤维与膜接触比较紧密、牢固，而且纤维与膜之间没有任何缺陷。这种膜结构不仅使活性点暴露较多，有效催化面积增大，而且使催化膜的催化效率增加。而且反应物可以在孔道中反应，减小了反应阻力，降低了反应活化能，反应物更易于催化活性点接触，使反应更易进行。

（a）NWF（×200）   （b）复合膜表面（×200）

（c）复合膜表面（×2000）   （d）复合膜断面（×120）

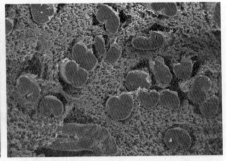

（e）复合膜断面（×300）　　　　　　　　　　（f）复合膜断面（×500）

图 3-6　SPES/PES/NWF 复合催化膜的 FESEM 图

以下考察不同铸膜液的浓度、溶剂种类和凝固浴种类及组成对复合膜微孔结构的影响，进而得到调控复合催化膜孔径大小的规律。

3.3.2.1　铸膜液浓度对膜结构影响

影响膜结构形态以及性能的一个重要因素是铸膜液浓度。图 3-7 所示为铸膜液 SPES/PES 浓度为 5%、10% 和 15%（质量分数）的膜结构。从图 3-7 中可以看出，铸膜液浓度为 5% 时，SPES/PES 只是包裹在单根纤维的表面，不能形成完整的复合膜。当铸膜液浓度为 15% 时，SPES/PES 不仅包裹在单根纤维表面，而且由于铸膜液浓度过高，使得其在 NWF 表面形成一层致密层。根据热力学原理[135]，当聚合物溶液进入凝固浴后，溶剂与非溶剂通过聚合物溶液与凝固浴界面进行双扩散，导致聚合物溶液发生液—液相分离。随着铸膜液浓度的增加，体系将发生聚合物贫相成核的液—液相分离。在浓度梯度的推动下，聚合物贫相中形成的核增多而且不断增大，直到周围的富聚合物连续相经凝胶化发生固化为止，脱去溶剂后这些晶核所形成的网络结构更加致密。从而导致膜孔径较小，孔隙率减小[136]。

另外，因为随着铸膜液浓度的增加导致溶液黏度增大，从而使凝固浴中的非溶剂和铸膜液中的溶剂动力学交换过程明显减慢，使得延迟相分离行为更加明显，生成的膜表面层更加致密[137]。这样不利于反应物通过膜孔道，致使反应只在膜表面进行。铸膜液浓度为 10%（质量分数）时，由图 3-7（b）可知，SPES/PES 不仅包裹在单根纤维的表面，单根纤维之间也形成海绵状的孔结构。而且复合膜表面结构均一，这种膜结构不仅使活性点暴露较多，催化活性较高，反应物可以在孔道中反应，所以铸膜液浓度选择 10%（质量分数）。

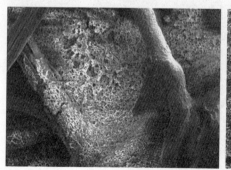
（a）5%铸膜液

（b）10%铸膜液

（c）15%铸膜液

图3-7 不同铸膜液浓度（质量分数）下复合催化膜 FESEM 图

3.3.2.2 溶剂种类对膜结构影响

溶剂的选择不仅影响成膜体系的热力学性质，也影响动力学过程，最终影响膜的结构。所使用的溶剂有 NMP、N, N-二甲基乙酰胺（DMAc）、N, N-二甲基甲酰胺（DMF），铸膜液浓度为 10%（质量分数），凝固浴为乙醇。图 3-8 对比了用 NMP、DMAc 和 DMF 做溶剂时得到的不同膜结构。从图中可以看出，用这三种溶剂都可以得到海绵状的多孔结构。而用 NMP 溶剂得到的膜孔结构较 DMAc 和 DMF 的大，这是因为溶剂与聚合物之间的相互作用不同，导致膜的孔结构大小不同。由表 3-2 SPES 与三种溶剂的溶解度参数可知[138]，聚合物 SPES 与 NMP 溶解度参数差值最小，说明 SPES 与 NMP 之间的相互作用比 SPES 与 DMAc、SPES 与 DMF 之间的相互作用都大，NMP 在非溶剂乙醇中的扩散速率明显慢于 DMAc 和 DMF 溶剂，所以溶剂渗出和扩散速度慢，成膜速度慢，致使延时相转化成膜，使形成的膜结构中孔的数量多、孔径小。

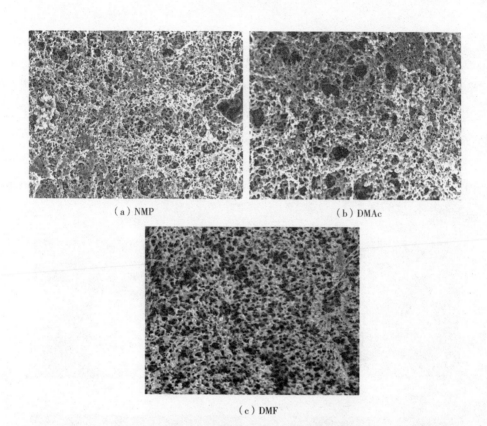

（a）NMP　　　　　　　　　　　　　（b）DMAc

（c）DMF

图 3-8　不同溶剂下复合催化膜的 FESEM 图

表 3-2　SPES 与三种溶剂的溶解度参数

参数	$\delta_d/MPa^{1/2}$	$\delta_p/MPa^{1/2}$	$\delta_h/MPa^{1/2}$	$\delta/MPa^{1/2}$
SPES	18.42	10.31	12.36	24.5
PES	17.6	10.4	7.8	21.9
DMF	17.4	13.7	11.3	24.8
DMAc	16.8	11.5	10.2	22.1
NMP	18.0	9.7	11.1	23.1

3.3.2.3　凝固浴组成对复合膜结构影响

成膜条件为：铸膜液浓度为 10%（质量分数），溶剂为 NMP。图 3-9 为不同配比条件下乙醇和水的混合物作为凝固浴，制得复合膜的 FESEM 图。从图 3-9（a）~（d）中可以看出，随着乙醇在整个混合物组成中（乙醇与水混合物）比例的增加，复合膜的孔径和孔隙率都是逐渐增加的。从图3-9(a)中可以看出，用水做凝固浴时所成的膜是致密层，纤维表面只是有致密层。反应液透过膜只能依靠单根纤维之间的空隙（缺陷）通过。而用乙醇做凝固浴可以形成海绵状的孔结构[139]。所以，随着乙醇量的减小，水的增多，复合膜的孔径是逐渐减小的。这是因为非溶剂乙醇与溶剂NMP的相互作用参数小于水与NMP之间的相互作用参数[140]。所以NMP在乙醇中的扩散越强，致使溶剂渗出和扩散速度越快，形成的膜结构中孔的数量多、孔径大。通过调节乙醇与水的不同比例，可以制得不同孔径和孔隙率的膜。

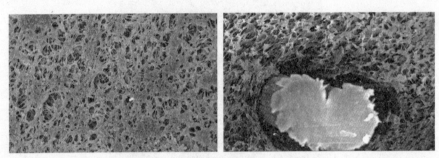

（a）乙醇：水=1：1

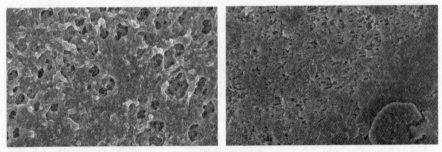

（b）乙醇：水=1：2

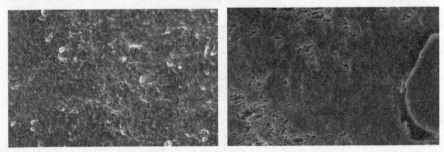

（c）乙醇：水=1：3

图3-9

（d）水

图 3-9　不同凝固浴下复合膜 FESEM 图

3.3.3　非织造布对复合膜结构影响

3.3.3.1　添加剂 PEG 对 SPES/PES 膜结构影响

用聚酯 NWF 作为内支撑骨架，在提高复合膜机械强度的同时，对复合膜的微结构也有一定的影响[141]。NWF 的引入在一定程度上抑制了指状孔的出现。图3-10所示为没有 NWF 做支撑时加入不同量的添加剂 PEG-600 对 SPES/PES 膜结构的影响。成膜条件为：铸膜液浓度为 10%（质量分数），非溶剂为乙醇，溶剂为 NMP。从图中膜断面的电镜照片可以看出，在没有添加 PEG 时，SPES/PES 膜断面呈现典型的非对称结构，指状大孔充分发展。而随着添加剂 PEG-600 的增多，膜结构由指状孔向海绵状结构过渡，指状孔发展受到抑制，数量和长度均下降。在 PEG-600加入量为 15%（质量分数）时，指状孔结构完全消失，这和前面的研究结果一致[133]。这是因为 PEG 的添加影响 PES 成膜体系的热力学性质和动力学过程，从而影响膜的最终结构。PEG 具有较强的亲水性，在铸膜液中，PEG 与 PES 相互缠绕，在发生相分离时，非溶剂乙醇先与溶剂分子结合，然后与 PEG 分子结合，最后才与 PES 分子结合，使相分离时间延长，有利于形成海绵状结构[142]。

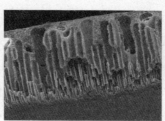

（a）PEG加入量为 0

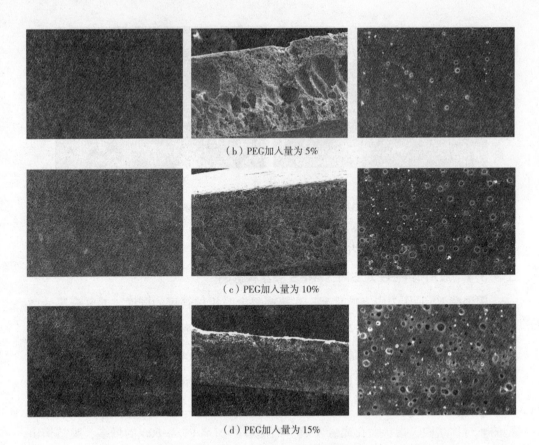

（b）PEG加入量为5%

（c）PEG加入量为10%

（d）PEG加入量为15%

图 3-10　添加剂 PEG 加入量（质量分数）对催化膜结构的影响对比图

注：左图为膜上表面，中间图为膜断面，右图为膜下表面。

在相同成膜条件下，无 NWF 做支撑时，需要添加 PEG 来形成海绵状孔结构。有 NWF 做支撑，不添加 PEG，膜结构中形成海绵状孔结构，而且没有指状孔结构的出现。这可能是因为 NWF 在一定程度上抑制了指状孔的出现。下面将进一步研究这个问题。

3.3.3.2　PEG 预处理非织造布对复合膜结构影响

图 3-11 所示为在相同成膜条件下 NWF 经 PEG 处理与未经 PEG 处理对复合膜结构的影响。成膜条件为：铸膜液浓度为 10%（质量分数），凝固浴为乙醇，溶剂为 NMP。从图中可以看出，NWF 未经 PEG 处理，复合膜断面出现了少量指状孔结构；经过 PEG 处理后，复合膜指状孔结构消失。由此可以得出，经 PEG 处理后，NWF 上残留的 PEG 对复合膜结构有很大影响[143]。

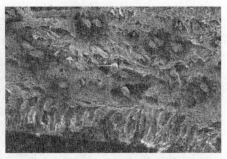

（a）经PEG处理

（b）未经PEG处理

图 3-11　经 PEG 处理与未经 PEG 处理的复合膜 FESEM 对比图

3.3.3.3　非织造布对复合膜结构影响

由 3.3.3.2 部分分析可知，PEG 可抑制指状孔结构的出现，同时 NWF 的引入在一定程度上也抑制了指状孔结构。这说明复合膜在不添加小分子添加剂 PEG 的情况下，仍然没有指状孔结构，这是处理后 NWF 残留的 PEG 的作用和 NWF 存在的共同结果。

3.3.4　复合膜孔径及孔隙率测定

图 3-12 所示为不同凝固浴组成制备的复合膜孔径分布图，通过改变凝固浴组成（乙醇与水不同比例），乙醇与水的比例分别为乙醇 100%、乙醇：水 = 1：1、乙醇：水 = 1：2、乙醇：水 = 1：1 和水 100%，制成五种膜。从图中可以看出，制得的乙醇 100% 和乙醇：水 = 1：1 这两种膜孔径分布都比较窄，说明复合膜的孔径比较均匀。而其他三种膜的孔径分布都比较宽，压汞仪测试结果与 FESEM 相对应。随着乙醇量在整个比例中的减小，水含量的增多，复合膜的孔径是逐渐减小的，具体孔径大小与孔隙率见表 3-3。从表 3-3 可以看出，随着水含量在整个比例中的减

小，乙醇含量的增加，复合膜的孔径和孔隙率是逐渐增大的，孔径从 0.13μm 增大到 2.65μm，孔隙率从 32% 增大到 68%。

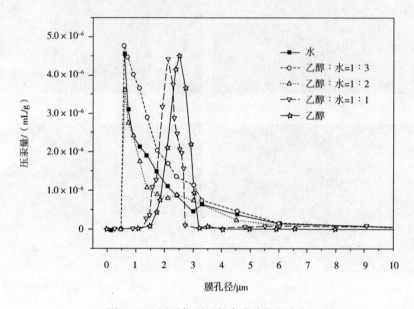

图 3-12　压汞仪测试复合膜的孔径分布

表 3-3　压汞仪测试复合膜的孔径和孔隙率

样品	乙醇	乙醇：水=1：1	乙醇：水=1：2	乙醇：水=1：3	水
平均孔径/μm	2.65	2.13	0.82	0.58	0.13
孔隙率/%	68	61	52	43	32

3.3.5　SPES/PES 膜静态接触角测试

图 3-13 为 PES、SPES：PES=1：1 和 SPES 三种膜的接触角测试。测得 PES、SPES：PES=1：1 和 SPES 聚合物膜的接触角分别为 73.21°、58.22° 和 44.02°。随着 PES 膜混入 SPES 量的增加，接触角是不断减小的。这是因为 SPES 分子链结构单元中含有亲水性很强的磺酸基团，可以与水形成氢键，从而增强了水在膜表面的润湿能力，提高了膜的亲水性[144]。

| （a）PES 膜 | （b）SPES：PES=1：1 膜 | （c）SPES膜 |

图 3-13　三种膜接触角测试

3.3.6　复合膜离子交换容量测定

离子交换容量是表示单位质量或单位体积所能交换的离子（相当于一价离子）的物质的量，它表示离子交换材料交换能力的大小。实验中对复合催化膜、NKC-9 和浓硫酸的 IEC 值进行了测定。由表 3-4 可以看出，浓硫酸的 IEC 值最高，为 10.2mmol/g，虽然催化膜的 IEC 值较小（为 3.4mmol/g），但是催化性能较高，可能由于反应的传质阻力较小，反应活化能较低，反应更易进行，导致催化活性较高。

表 3-4　不同催化剂的 IEC 值[86]

样品	复合催化膜	NKC-9	浓硫酸
IEC/（mmol/g）	3.4	4.7	10.2

3.4　本章小结

（1）采用溶液相转化法制备了具有丰富微孔道、海绵状孔结构均一的 SPES/PES/NWF 复合催化膜，SPES/PES/NWF 复合催化膜 IEC 值为 3.40 mmol/g。

（2）通过 PEG 浸泡法和碱水解两种方法分别改性 NWF，并通过红外、热重和固体核磁等测试手段表征了 NWF 中酯基被改性为羧酸基团的部分为 5.6%。

（3）控制成膜条件即铸膜液浓度、凝固浴种类及组成和溶剂种类等调控复合催化膜微结构，建立了孔径从 0.13μm 到 2.65μm、孔隙率从 32% 到 68% 调控方法。同时根据 NWF 厚度不同，制得了五种厚度的 SPES/PES/NWF 复合催化膜，即 0.708mm、1.215mm、1.723mm、2.314mm 和 2.820mm。

第4章 SPES/PES/NWF复合催化膜催化酯化性能研究

催化膜反应器是集催化反应过程和分离过程于一体的膜反应器，由于其各方面的突出性能而受到研究人员的亲睐。目前，对膜催化反应器展开的相关研究还不多，从目前的文献报道看，大多集中于国外的研究机构，而且目前还较难实现工业化。影响膜催化反应器性能的因素有很多，如反应物组成、物料流动方式、物料流动速率、催化剂本身的活性、催化膜的比表面积、膜的选择性、膜的渗透性、操作压力及温度等，但其中的决定性因素还是催化膜的性能[105]。活性组分负载可通过直接浸渍法或混合交联法实现。因此，多孔膜中催化组分的颗粒细度和催化组分在多孔膜中的分布均匀度还有待进一步提高。即便是一些新型催化膜，如Pd-PAA膜，其制备过程也较复杂。此外，由于反应物高速流经膜孔，这就要求膜具有较好的耐高压性能和耐高温性能。

高分子催化膜及膜反应器由于具有传统的催化、分离过程所不具备的诸多优点和广阔的发展前景，在所需条件较缓和的化学反应中的应用研究中受到研究人员的关注并取得一定研究成果。总之，高分子催化膜及膜反应器的研究还有很多需要解决的重要问题，需要借鉴催化学、高分子材料及反应工程等领域的最新成果并在此基础上有所创新，开发出具有高分离性、高催化性、高稳定性的"三高"催化膜材料和研究出新型催化膜的制备新技术，设计合理优良的膜反应器和工艺流程，从而在相关化工生产中实现大规模工业化应用。

本章设计固定床膜反应器，研究复合催化膜SPES/PES/NWF结构与催化性能之间的关系。考察复合膜孔隙率、膜厚度和膜层数等对其催化活性的影响规律，探索膜催化反应器连续催化酯化反应最佳工艺条件，即催化剂用量、停留时间（进料流速）、醇油质量比、初始原料液中水含量、稳定性等参数对膜催化酯化性能的影响，并与浓硫酸和阳离子交换树脂催化性能进行对比。

4.1 实验材料

催化膜反应器，北洋化工设备有限公司，自行设计。蠕动泵，B701-YZ1515，天津协大电子仪器有限公司。离心机，80-2 离心沉淀机，巩以市予化仪器有限责任公司。测温热电偶，WRN-K，天津宇创设备有限公司。回流冷凝管，BZ19/26，天津天玻仪器有限公司。针管取样器，10mL，天津天玻仪器有限公司。

4.2 实验方法

4.2.1 复合膜催化性能表征

催化剂转换频率（TOF）[145]指单位时间内有多少分子被转化。以 TOF 为参数可以为复合膜的催化活性做出准确评估。计算公式如下：

$$TOF（min^{-1}）= \frac{反应物生成速率（mol/min）}{单位质量催化活性点的摩尔数（mol）} \quad (4-1)$$

4.2.2 复合膜连续催化反应

本实验中发生的催化酯化反应方程式如下：

$$RCOOH+CH_3OH \xrightarrow{催化剂} RCOOCH_3+H_2O \quad (4-2)$$

实验装置如图 4-1 所示，膜反应器装置采用的是自制膜组件，膜催化有效面积为 33.6cm^2。

如图 4-1 所示，膜反应器是由加热装置、搅拌装置、膜池、测温口、进料口、出料口和压力表等组成。酯化反应步骤如下：按一定比例在原料罐中加入油酸和甲醇，然后按图 4-1 所示装置连接，在进料前将反应物预热并搅拌均匀。在膜反应器中固定催化膜，采用恒温水浴控制膜反应器温度，温度误差控制在 0.5℃。原料液利用蠕动泵打到膜的上表面，在压力作用下（实验压力为 0.2MPa）透过膜下表面进行恒温反应。当产物罐中收集到流出液时，取出的油样在旋转蒸发器上旋蒸至甲

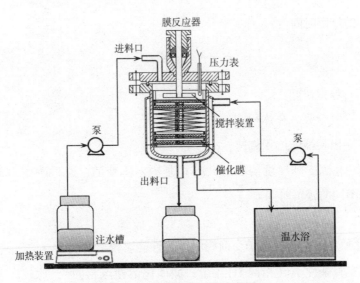

图 4-1　催化酯化反应流程图

醇完全蒸出。旋蒸后，准确称取待测油样的质量，并用 50mL 已经中和的热无水乙醇作为溶剂，酚酞作为指示剂，进行酸值测定，计算反应的转化率。图 4-2 所示为膜反应器装置实物图。

图 4-2　膜反应器装置实物图

4.2.3　停留时间计算

分别测定膜反应器实际的出料速率与膜的孔体积，根据公式（4-3）计算原料在反应器中的停留时间[146]。

$$RT = \frac{V_{membrane}}{R} \qquad (4-3)$$

式中：RT——停留时间，s；

$V_{membrane}$——复合膜总孔体积，cm^3；

R——出料液的体积流速，cm^3/s。

假设同一孔隙率和厚度的膜总孔体积是固定不变的，通过改变不同的出料流速，可得到不同的停留时间。

4.2.4　催化膜与浓硫酸、离子交换树脂催化性能比较

在相同实验条件下（相同 H^+ 含量，即催化活性点相同），比较离子交换树脂 NKC-9、传统的浓硫酸和复合催化膜的催化效率和催化速率。

4.2.5　酯化产物水含量测定

采用卡尔费休容量法对水分含量进行测定。卡尔费休水分测定仪 KF-1A 购买于上海精密仪器科技有限公司，灵敏度为 500mg/kg。

卡尔费休容量法测定水分含量主要依据电化学反应：

$$I_2 + 2e \longrightarrow 2I^- \qquad (4-4)$$

卡尔费休试剂中含有有效成分吡啶和碘等物质，能与待测溶液中的水发生如下化学反应：

$$H_2O + SO_2 + I_2 + 3C_5H_5N \longrightarrow 2C_5H_6N \cdot HI + C_5H_5N \cdot SO_3 \qquad (4-5)$$

$$C_5H_5N \cdot SO_3 + CH_3OH \longrightarrow C_5H_5N \cdot HSO_4CH_3 \qquad (4-6)$$

$$C_5H_6N \cdot HI \longrightarrow C_5H_6N \cdot H^+ + I^- \qquad (4-7)$$

反应持续进行，不断消耗水，生成 I^-，水分消耗完毕，反应滴定到终点。通过消耗掉的卡尔费休试剂体积来标定溶液中的水分含量。

根据公式 $X = \dfrac{10}{v_2 - v_1}$ 计算卡氏试剂的水当量。重复三次或三次以上，求得水当量的平均值：

$$\bar{X} = \frac{x_1 + x_2 + x_3}{3} \qquad (4-8)$$

然后根据以下公式计算水含量：

$$水含量 = \frac{\overline{X}V}{G} \qquad (4-9)$$

式中：V——加入样品所消耗卡氏试剂量，mL；

　　　G——加入样品的质量，mg。

4.2.6　酯化产物硫含量测定

采用江苏江峰有限公司提供的微量硫含量测试仪检测出料液及产物的硫含量，型号为 WK-2D。

4.3　结果与讨论

4.3.1　单层复合膜催化性能

4.3.1.1　复合膜催化转换频率（TOF）

根据公式（4-1）计算得到复合膜的 TOF 为 $10.35min^{-1}$，浓硫酸的 TOF 为 $22.76min^{-1[145]}$，说明复合膜本身的活性小于浓硫酸的活性。复合膜的催化效率较高将在 4.3.4 阐述这个问题。

4.3.1.2　复合膜停留时间对转化率影响

在醇油质量比为 3：1，反应温度为 65℃，催化膜用量 3.16（H^+）mmol 条件下，不同停留时间对应的转化率如图 4-3 所示。从图 4-3 中可以看出，随着停留时间的增加，转化率是逐渐增加的。停留时间为 12.4s、16.1s 和 21.8s 时，转化率分别为 27.9%、35.9% 和 48.1%。停留时间为 32.5s 时，转化率就可以达到 58.8%，由此看出复合膜具有较高的催化性能，这主要是因为在反应条件一定的情况下，物料在复合催化膜中的停留时间越长，物料同催化膜上的活性位接触几率就越大，从而反应转化率增加。

4.3.1.3　孔隙率对转化率影响

在醇油质量比为 3：1，反应温度为 65℃ 的情况下，考察膜孔隙率分别为 32%、43%、52%、61% 和 68% 时对催化酯化性能的影响，结果如图 4-4 所示。

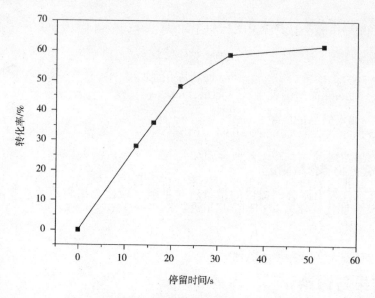

图 4-3　不同停留时间下复合膜的催化性能测试

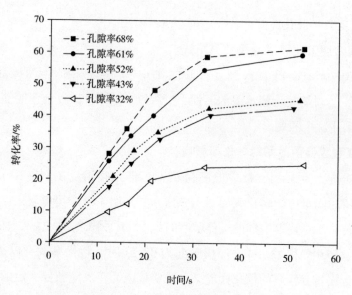

图 4-4　不同复合膜的孔隙率对催化酯化反应的影响

由图 4-4 可以看出，随着停留时间的逐渐增加，反应转化率是逐渐增大的。这主要是因为停留时间越长，物料同催化膜上的活性位接触几率就越大，反应转化率也就越大。当停留时间为 35 s 时，反应转化率接近平衡。在停留时间为 35 s 时，孔隙率从 43% 增加到 61%，转化率从 40.2% 增加到 54.6%，增幅较大，而孔隙率再增加到 68%，转化率增幅则不大。这说明孔隙率为 68% 足以提供充足的催化活性点，孔隙率无需再增加。在反应开始 35s 内，反应速率随着膜孔隙率的增加逐渐增大，35s 后转化率增加缓慢。下面从动力学角度解释这个问题。

图 4-5 所示为孔隙率分别为 68%、61%、52%、43% 和 32% 的复合催化膜酯化反应速率与停留时间的关系。停留时间和 $-\ln(1-X)$ 之间均具有较好的一次线性相关性，并且拟合直线与 y 轴的截距为零，说明孔隙率为 68%、61%、52%、43% 和 32% 的复合催化膜作为非均相催化剂连续催化酯化的反应级数为一级，反应速率常数分别为 $2.89 \times 10^{-2} \, \mathrm{s}^{-1}$、$2.71 \times 10^{-2} \, \mathrm{s}^{-1}$、$2.45 \times 10^{-2} \, \mathrm{s}^{-1}$、$2.12 \times 10^{-2} \, \mathrm{s}^{-1}$、$2.07 \times 10^{-2} \, \mathrm{s}^{-1}$，反应活化能分别为 35.9kJ/mol、42.6kJ/mol、49.2kJ/mol、53.8kJ/mol 和 59.7kJ/mol，见表 4-1。反应活化能越小，说明反应越容易进行。随着膜孔隙率从 32% 增大到 68%，膜的比表面积越大，因此分布在膜表面的催化活性点会增多，反应活化能减小，反应物与催化活性点接触几率增加，有利于酯化反应的进行，所以酯化反应转化率和反应速率都增加[147]。

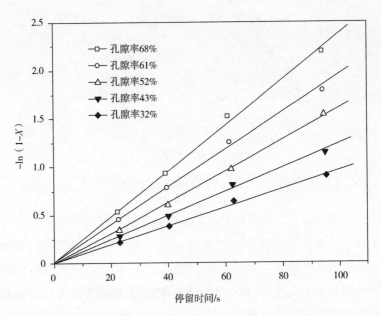

图 4-5　不同孔隙率复合催化膜酯化反应 $-\ln(1-X)$ 与停留时间的关系

表 4-1　不同孔隙率复合催化膜动力学参数

催化膜孔隙率/%	68	61	52	43	32
反应速率常数/s^{-1}	2.89×10^{-2}	2.71×10^{-2}	2.45×10^{-2}	2.12×10^{-2}	2.07×10^{-2}
表观活化能/（kJ/mol）	35.9	42.6	49.2	53.8	59.7

4.3.1.4　膜厚度对转化率影响

在相同的实验条件下，即醇油质量比为 3∶1，反应温度为 65℃，膜中 H$^+$ 含量为 3.16mmol，膜孔隙率为 68%，考察复合膜不同厚度 L 对催化酯化性能的影响，如图 4-6 所示。

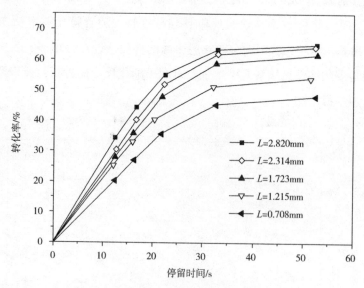

图 4-6　复合膜不同厚度对酯化性能的影响

从图 4-6 中可以看出，随着膜厚度的增加，在相同停留时间下，转化率是增加的，因为在 IEC 值相同的情况下（铸膜液浓度不变，调节 SPES 与 PES 的比例），膜厚度越大，接触面积越大，相当于停留时间延长，所以转化率增加。膜厚度 L 由 1.215mm 增大到 1.723mm 时，转化率增加较明显；膜厚度 L 由 1.723mm 增大到 2.314mm 时，转化率增加不明显。这是因为在膜孔隙率为 68% 的一定情况下，膜厚度 $L>1.779$mm 时，内扩散阻力不可以忽略（将在第 5 章给出解释）。膜厚度 L 为 1.215～1.723mm 时，内扩散阻力可以忽略[148]，转化率增加较明显。膜厚度 L 为

1.723~2.314mm 时，内扩散阻力存在，所以转化率增加不明显。

　　不同厚度 NWF 不仅含有的催化活性点不同，而且膜厚度对催化酯化过程中的传质有很大影响，因此研究膜厚度对酯化反应过程的影响十分重要。以下考察在铸膜液浓度不变、SPES∶PES＝1∶1 的条件下，醇油质量比为 3∶1，反应温度为 65℃，膜厚度分别为 2.314mm、1.732mm、1.215mm 和 0.510mm 时对催化酯化性能的影响。膜厚度分别为 2.314mm、1.732mm、1.215mm 和 0.510 mm 时，对应的催化活性点数目分别为 3.1mmol（H^+）、2.8mmol（H^+）、2.47mmol（H^+）和 1.52mmol（H^+）。由图 4-7 可以看出，在反应开始 20s 内，反应速率随着膜厚度的不断增加而逐渐增大，这是因为膜厚度越大，含有的活性点数目越多，催化活性越大，转化率相应越大[149]。膜厚度从 0.510mm 增加到 1.723mm，转化率和反应速率都增加较快，而膜厚度从 1.723mm 增加到 2.314mm，转化率和反应速率增幅不大。这可能是因为膜厚度从 0.510mm 增加到 1.723mm，催化活性点从 1.52mmol（H^+）增加到 2.80mmol（H^+），使催化反应速率加快，转化率增大。但是，随着膜厚度的进一步增大，传质阻力增大，由于传质阻力的影响大于催化作用，导致复合催化膜的厚度从 1.723mm 增加到 2.314mm 时，虽然催化活性点增加，但是转化率增幅却较小见表 4-2。为此，SPES/PES/NWF 复合膜厚度选 1.723mm。

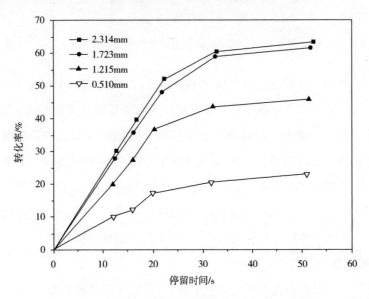

图 4-7　SPES/PES/NWF 复合膜厚度对催化酯化性能影响

表 4-2　SPES/PES/NWF 复合膜不同厚度的 IEC 值

膜厚度/mm	2.314	1.723	1.215	0.510
IEC/（mmol/g）	3.16	2.80	2.47	1.52

4.3.1.5　反应温度对转化率影响

在醇油质量比为 3∶1，膜中 H^+ 含量为 3.16 mmol，膜孔隙率为 68%，考察不同反应温度对酯化性能的影响，如图 4-8 所示。

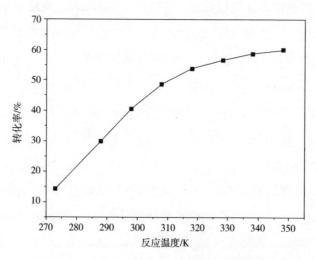

图 4-8　不同反应温度对催化酯化性能影响

由图 4-8 可知，随着反应温度从 273K 增加到 338K，反应转化率从 14.8% 增加到 58.8%。这主要是因为酯化反应是吸热反应，随着反应温度的增加，其平衡常数和反应速率常数都会增大。同时提高反应温度，油酸与甲醇之间的相溶性也会增加，物料更加趋于拟均相状态，从而物料与复合膜之间的活性位接触几率也就越大，反应转化率就越大。然而当反应温度超过甲醇沸点，甲醇迅速挥发，使反应中大量甲醇挥发到气相，使反应器底部形成大量甲醇蒸气，从而油脂不能顺利从反应器出口流出，导致连续反应不能进行[150]，因此反应温度选择 338K。

4.3.1.6　醇油质量比对转化率影响

醇油质量比是影响转化率和生产生物柴油成本的重要因素之一。反应条件为：反应温度 65℃，膜中 H^+ 含量 3.16mmol，膜孔隙率 68%，考察不同醇油质量比对酯化性能影响如图 4-9 所示。

　　图 4-9 表示醇油质量比对酯化反应的影响。醇油质量比分别为 1∶1、2∶1、3∶1、4∶1 和 5∶1，其他实验条件为：复合膜厚度 1.723mm，停留时间为 33s。结果表明，随着醇油质量比的增加，转化率逐渐增大。酯化反应是一个可逆反应，增加反应物配比，能明显促进反应向正向进行，转化率增大。但是随着醇油质量比从 3∶1 增到 4∶1 时，转化率增加幅度较小，而且再增加醇油质量比会增加后续分离甲醇的负担，增加成本。故后续实验选用醇油质量比 3∶1 为最佳。

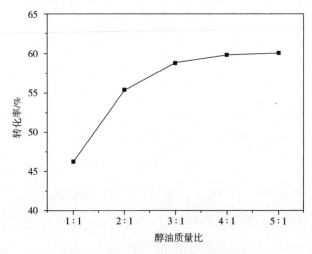

图 4-9　醇油质量比对催化性能的影响

4.3.2　复合膜层数对催化性能影响

　　在醇油质量比为 3∶1、反应温度为 65℃、膜孔隙率为 68%，不同层数复合膜对酯化性能的影响如图 4-10 所示。膜层数从 1 层增加到 6 层，相对应的 H^+ 含量分别为 3.16mmol、6.32mmol、9.48mmol、12.64mmol、15.80mmol 和 18.96 mmol。从图 4-10 中可以得出，随着膜层数从 1 层增加到 5 层，膜的催化性能也是逐渐增加的，即转化率从 58.8% 增加到 98.2%。这是因为随着膜层数的增加，H^+ 含量不断增加，同时反应物在膜反应器中停留时间也增加，从而导致转化率的增加。然而继续增加膜的层数，转化率增加不明显，这和复合膜传质有很大关系，这部分讨论见第五章。而且膜层数为 5 层时，转化率为 98.2%，相应的酸值为 1.96mg KOH/g，已达到生物柴油的生产要求。为此，膜层数选 5 层为最佳。

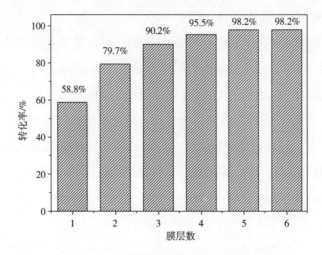

图 4-10　不同层数复合膜对酯化性能影响

4.3.3　多层复合膜催化性能

4.3.3.1　膜厚度对转化率影响

在相同实验条件下：膜中 H^+ 含量为 15.80mmol，膜孔隙率为 68%，醇油质量比为 3∶1，反应温度为 65℃。从图 4-11 中可以看出，随着膜厚度 L 从 6.075mm 增加到 8.615mm，转化率相应增加。而膜厚度从 8.615mm 增加到 11.57mm 时，转化率反而减小。转化率增加是因为在 IEC 值相同的情况下，膜越厚，接触面积越大，相

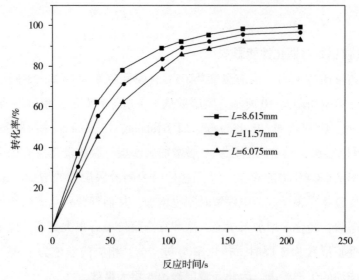

图 4-11　多层膜厚度对催化性能的影响

当于停留时间延长，所以转化率增加。转化率减小是因为当 $L=11.57$mm 时，$\varphi =$ 3.2，大于 3，内扩散阻力严重，膜厚度增加，反应物接触催化点的机会虽然更多，但不足以抵消扩散阻力对转化率的影响，所以导致转化率下降[151]。

4.3.3.2　SPES/PES 质量比对转化率影响

在膜厚度保证相同情况下（8.615mm），膜孔隙率为 68%，醇油质量比为 3:1，反应温度为 65℃，考察不同 SPES 与 PES 质量比对酯化性能的影响。在保证总的铸膜液浓度为 10% 不变的条件下，增加 SPES 在共混物（SPES/PES）的比例，即从 SPES∶PES=1∶3 增加到 SPES∶PES=2∶1 时，相应的膜中 H^+ 含量从 7.9mmol 增加到 21.07mmol。从图 4-12 中可以看出，当膜中 H^+ 含量为 7.9mmol 时，反应平衡转化率只有 78.9%（停留时间为 162s）。当 H^+ 含量从 10.53 增加到 15.80 mmol 时，转化率从 86.2% 增加到 98.2%。这表明 H^+ 含量对酯化反应有十分重要的影响[152]。当 H^+ 含量为 21.07mmol 时，转化率为 98.7%，再增加 H^+ 含量，转化率则提高不明显。而且第三章也证明 SPES/PES 比例为 1:1 时，膜的稳定性最好。因此，选取 SPES∶PES=1∶1 时，H^+ 含量为 15.80mmol。

4.3.3.3　反应温度对转化率影响

反应温度是酯化反应的重要推动力之一。在醇油质量比 3:1、复合膜厚度为 8.615mm、膜孔隙率为 68% 的反应条件下，考察反应温度对酯化反应的影响，结果如图 4-13 所示。

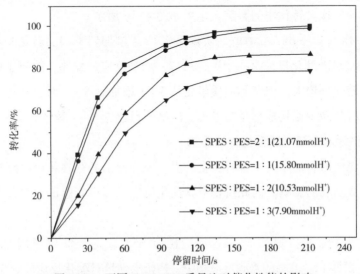

图 4-12　不同 SPES/PES 质量比对催化性能的影响

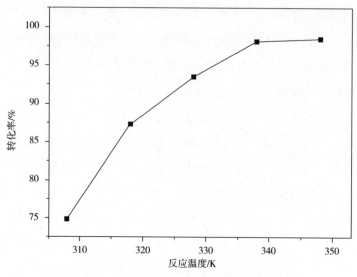

图 4-13　不同反应温度对催化酯化性能影响

由图 4-13 可知，随着反应温度从 298K 增加到 338K，反应转化率从 74.9% 增加到 98.2%。但是随着反应温度继续增加，转化率基本保持不变。从节约能源的角度考虑，反应温度选择 338K 比较合适。

4.3.3.4　醇油质量比对膜催化性能影响

酯化反应为可逆反应，反应物中醇油质量比是影响酯化反应转化率的一个重要因素。反应条件为：膜中 H^+ 含量 15.80mmol，膜孔隙率 68%，反应温度 65℃，考察醇油不同质量比对转化率的影响，结果如图 4-14 所示。

从图 4-14 可以看出，随着醇油质量比从 1∶1 增加到 3∶1，转化率从 76.6% 逐渐增大到 98.2%。酯化反应是一个可逆反应，增加反应物配比，能明显促进反应向正向进行，转化率增大。但是醇油质量比从 3∶1 增加到 5∶1 时，转化率增加的幅度较小。同时从减少原料成本角度考虑，醇油质量比选 3∶1 较佳。

4.3.3.5　初始水含量对膜催化性能影响

不同来源的原料油中通常含有少量的水，该部分水的存在将会对酯化反应和复合催化膜造成不利的影响。因此需要考察酯化反应过程可容忍的原料油中最低初始水含量。

实验条件：醇油质量比 3∶1、反应温度 65℃、复合催化膜用量 15.80mmol（H^+），分别添加 1%～10% 的水到反应物中，初始水含量对酯化反应的影响如图 4-15

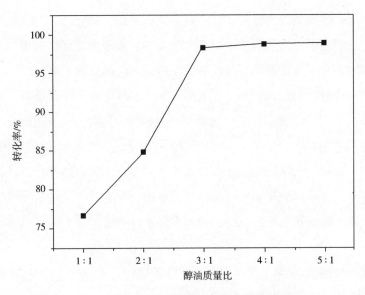

图 4-14　不同醇油质量比对转化率的影响

所示。从图 4-15 可以看出，随着反应体系中水含量的增加，体系中脂肪酸转化率是下降的。这是因为酯化反应为可逆反应，水分是酯化反应的产物，对反应有一定的抑制作用。此外，复合膜表面的活性位（$-SO_3H$）具有较强的亲水性，酯化反应的机理却是：酸性催化剂质子化脂肪酸的羰基并使它向亲核的进攻活化。失去一个

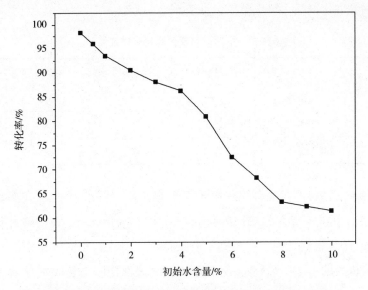

图 4-15　初始原料中水含量(质量分数)对酯化反应的影响

质子后生成脂肪酸甲酯的水合物，任一羟基的质子化，并允许它以水离开，形成一个共振稳定的阳离子，再从第二个羟基上失去一个质子生成脂肪酸甲酯。一旦催化活性中心与水结合，也就不能够催化酯化反应，引起催化剂中毒。

当初始水含量(质量分数)从 0 增加到 4% 时，转化率下降较缓慢，从 98.2% 下降到 86.2%。这是因为复合膜可以吸收一部分原料中的水分，导致转化率下降较缓慢[9]。但是随着初始水含量从 4% 增加到 7%，由于复合膜吸水已经达到饱和，所以转化率急剧下降到 68.2%。然而随着初始水含量从 8% 增加到 10%，转化率似乎停止了迅速下降，这是因为复合膜吸水达到了平衡，而这时多余的水分可以随着反应物从膜反应器中流出到达平衡，所以转化率能保持稳定[153]。

4.3.4　复合膜与硫酸和离子交换树脂催化性能比较

4.3.4.1　复合膜与浓硫酸催化性能比较

浓硫酸做催化剂，酯化反应条件：甲醇与油酸质量比为 3：1，反应温度为 65℃。油酸与甲醇总质量为 152g（相当于总体积为 186cm³），浓硫酸加入量为 0.131mL［相当于 15.8mmol（H⁺）］。复合催化膜做催化剂，酯化反应条件：膜面积为 36.40cm²，膜厚度为 8.615mm，膜的孔隙率为 68%，膜的体积为 23.1cm³。5 片膜质量为 4.39g［相当于 15.8mmol（H⁺）］。反应物油酸与甲醇一次通过膜反应器，得到两种催化剂酯化反应结果，见表4-3。

表4-3　浓硫酸与复合膜催化性能比较

浓硫酸	时间/s	720	900	1200	1800
	转化率/%	63.8	77.7	93.5	98.9
复合膜	时间/s	39.0	60.9	110.9	162
	转化率/%	62.6	78.1	92.3	98.2

通过表4-4浓硫酸与复合膜在相同实验条件下对比可以看出：在实验条件相同情况下（包括相同 H⁺摩尔），在达到相同转化率63%情况下，浓硫酸需要720s，复合膜需要39.0s。也就是说，在相同实验条件下，要达到相同转化率，复合膜的催化效率是浓硫酸的 18 倍。但是，IEC 值和 TOF 值都证明复合膜本身的活性较浓硫酸的低（见 3.5.8 和 4.5.4）。但复合膜催化效率却高于浓硫酸，主要原因有两点：

第一，浓硫酸做催化剂，反应总体积为 186cm³，而复合膜反应中总反应体积为膜的体积 23.1cm³。也就是说，在实验条件相同情况下，膜的催化活性点密度相当于浓硫酸的 8 倍，这也是复合膜催化性能较浓硫酸高的原因之一。第二，在 flow-through 模式强化传质情况下，复合膜微孔道提供的极高催化表面积得到充分利用[121]。

在相同实验条件下：甲醇与油酸质量比为 3：1，反应温度为 338K。对比浓硫酸和复合催化膜在反应条件相同的情况下转化率，如图 4-16 所示。从图 4-16 中可以得出，对于复合催化膜，停留时间从 60s 增加到 162s，转化率从 80.0%迅速增大到 98.2%。而对于浓硫酸来说，转化率从 10.3%只增高到 23.4%。并且在相同反应时间 162s 下，复合催化膜转化率已经到达 98.2%，而浓硫酸的只有 23.4%。这说明复合催化膜反应速率高于浓硫酸。

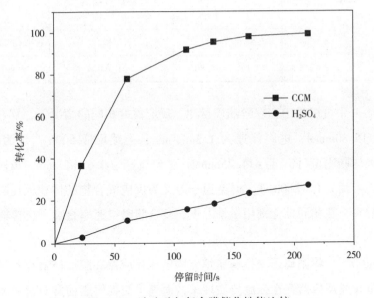

图 4-16　浓硫酸与复合膜催化性能比较

通过以上分析可以得到，在 flow-through 模式下，复合催化膜活性高于浓硫酸，而文献综述部分也提到，如果采用浓硫酸做催化剂会导致设备腐蚀严重，后续分离工艺复杂，产生大量废酸液体，造成巨大的经济损失和严重的环境污染，同时难以实现连续化生产。本研究通过相转化法制备了聚合物—非织造基复合催化膜，其制备工艺简单，可选材料多，易于实现材料的宏/微观结构设计，易于实现催化活性基团的高强度负载，突破了均相催化技术中的诸多制约因素，实现高效率、低能耗、无腐蚀地连续化制备生物柴油[154]。

4.3.4.2 复合催化膜与阳离子交换树脂催化性能比较

阳离子交换树脂具有很高的比表面积（$100 \sim 600 \mathrm{m}^2/\mathrm{g}$），表面活性离子基团以化学键的方式链接在网络结构表面，在实际使用中也表现出很好的机械稳定性，近年来在生物柴油的制备中受到了广泛重视。冯耀辉[155]考察了大孔型阳离子交换树脂（NKC-9）对酸化油的催化性能，发现在合适的工艺条件下，表现出很高的转化率（保持在98.0%以上）和优异的稳定性（使用寿命大于500h）。表4-4比较了自制的SPES/PES/NWF复合催化膜和阳离子交换树脂催化性能。

表 4-4　SPES/PES/NWF 复合催化膜和阳离子交换树脂催化性能比较

催化剂	醇油质量比	催化剂用量（H^+）/mmol	进料流速/（mL/min）	产量/mL
NKC-9	3∶1	87.5g×4.7=411.25	0.62	0.62×500h×60=18600
复合膜	3∶1	3.16×5=15.80	1.20	1.20× 500h× 60=36000

从表4-4中可以看出，在醇油质量比、反应温度相同的情况下，复合膜催化用量（H^+）为15.80mmol，进料流速为1.2mL/min，连续反应500h产量为36000mL。而离子交换树脂用量（H^+）为411.25mmol，进料流速为0.62mL/min，虽然连续反应500h，但是产量只有18600mL。时空速率定义为反应混合物的体积流速除以反应体积。经过计算，在相同催化剂用量情况下，复合膜时空速率是离子交换树脂NKC-9的25倍。

Schmidt等[156]将阳离子交换树脂填充固定床反应器和膜反应器作对比，研究发现，由于催化膜反应器存在强制传质现象，而离子交换树脂通常只具有小的孔结构（几纳米到几百纳米），反应物和产物只有在"浓度梯度"的驱动下才能进出树脂孔结构中，传质效率低下，不利于提高催化效率。更有甚者，对于亲油性的"长链"反应物（如长链脂肪酸、油脂等）则难以进入具有亲水特性的树脂小孔中进行有效的催化反应。Shah[100]等通过动力学 Langmuir—Hinshelwood（L—H）模型证明，复合膜较阳离子交换树脂时空效率高的原因是物料在离子交换树脂的传质阻力较大，见表4-5。下面通过假性异相催化反应动力学（P—H）模型证明自制复合催化膜较离子交换树脂传质阻力小。

传质对于总反应的影响由有效因子 η 来表示：

$$\eta = \frac{R_i}{R_0} \quad (4-10)$$

式中：R_i——实际反应速率；

R_0——无传质时的反应速率。

$$\eta_{\text{membrane}} = \frac{3\sqrt{D_{e1}/k_1}}{L} \quad (4-11)$$

$$\eta_{\text{resin}} = \frac{9\sqrt{D_{e2}/k_2}}{R} \quad (4-12)$$

其中

$$D_e = D_0 \frac{\varepsilon}{\tau} \quad (4-13)$$

$$D_0 = D_{AB} = \frac{7.4 \times 10^{-8} \times (\phi \times M_B)^{0.5} \times T}{\mu \times V_A^{0.6}} \quad (4-14)$$

表 4-5　SPES/PES/NWF 复合催化膜和阳离子交换树脂物理参数

物理参数	复合膜	NKC-9
膜厚度/粒径/mm	1.723	0.2
孔径	1~2μm	56nm
孔隙率/%	68	30
反应速率常数	0.0289s^{-1}	0.0237min^{-1}

通过表 4-5 中的物理参数，可计算得到：

$$\eta_{\text{membrane}} = \frac{3\sqrt{6.067 \times 10^{-10}/0.0289}}{(1.723/2) \times 10^{-3}} = 0.893 \quad (4-15)$$

$$\eta_{\text{resin}} = \frac{9\sqrt{2.6 \times 10^{-9}/0.0237 \times \dfrac{1}{60}}}{(0.2/2) \times 10^{-3}} = 0.730 \quad (4-16)$$

由式 (4-10) 可知，有效因子 η 越接近 1，反应传质阻力越小。由式 (4-15)、式 (4-16) 可知，料液在膜中的传质阻力较在离子交换树脂中的小。P—H 模型证明，催化膜较阳离子交换树脂时空速率高的原因是物料在离子交换树脂的传质阻力较大。因此，离子交换树脂的微孔结构和它的被动传质的特征都限制了离子交换树脂在参与反应中的高效率利用。这也是离子交换树脂的一个致命"弱点"，成为它在生物柴油工业中没有被广泛应用的重要原因之一[157]。

4.3.5 复合膜稳定性测试

实验条件为 5 层复合膜，每层膜厚度 1.723mm，每层膜孔隙率 68%，每层膜面积 36.3cm²，甲醇与油酸质量比 3∶1（油酸酸值为 200.0mg KOH/g），催化膜用量为 15.80(H⁺)mmol，反应温度 65℃，测试复合催化膜的稳定性，结果如图 4-17 所示。

由图 4-17 可知，连续 500h 的反应过程中，复合膜催化酯化反应转化率始终保持稳定在 98.0% 以上，获得了较高的转化率和理想的操作稳定性。由图 4-18 可知，在反应前 21h 复合催化膜是吸水的，21h 后复合催化膜吸水达到饱和，所以从 21h 以后反应生成的水随着料液的流出几乎全都被带出，而硫含量在反应 500h 之内保持 6~7mg/kg 不变，几乎可以认为料液中没有硫元素。即复合膜中的磺酸基团没有流失。所以在 500h 之内复合膜较稳定，这为以后复合膜连续酯化反应工业化奠定了基础[158]。

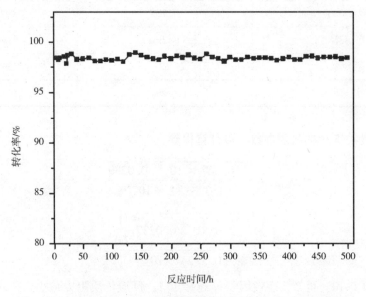

图 4-17 SPES/PES/NWF 复合膜连续催化酯化反应稳定性能测试

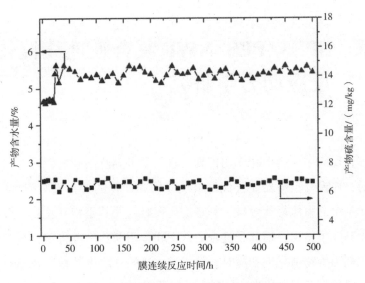

图 4-18　出料液中硫含量及水含量测试

4.4　本章小结

（1）设计固定床膜反应器，采用 SPES/PES/NWF 复合催化膜和 flow-through 工艺连续催化制备生物柴油。以油酸（酸值为 200mgKOH/g）和甲醇为原料，在最佳工艺条件，停留时间为 162s，复合膜连续催化酯化脂肪酸转化率可达 98.2%。

（2）膜孔隙率从 32% 增大到 68%，催化性能和催化速率也随之增大。这是因为随着膜孔隙率的增加，膜的比表面积越大，分布在膜表面的催化活性点会增多，导致催化性能和催化速率也随之增大。

（3）在实验条件相同的情况下，复合膜催化速率是浓硫酸的 18 倍以上。同时，通过假性异相催化反应动力学模型研究表明，反应物在复合催化膜中的传质阻力比离子交换树脂小，催化效率高。

（4）在连续 500h 催化酯化反应中，复合膜催化脂肪酸制备生物柴油的转化率始终保持在 98.0% 以上，性能稳定。

第 5 章　SPES/PES/NWF 复合膜连续催化酯化反应动力学研究

在膜催化反应中，膜催化作用机理一直是学术界感兴趣的课题。当多相催化剂与膜结合时，应设计反应器使其能调节反应物和产物的选择性吸附、脱附和传递，以达到催化系统的整体最优效果。制备催化膜时，尤其是相转化法，可将催化剂包埋在聚合物基体中，也可借离子键合力、交联作用和共价键将催化剂与膜结合。另外，当催化剂为生物催化剂和酶时，可通过过滤的方法将其截留在不对称亲水膜或不对称疏水膜的多孔层中[159]。由于催化剂是固定在膜当中的，反应物需扩散穿过膜才能到达催化剂，反应产物需从反应位置离开到达膜的另一侧而被回收。为得到最优性能，应尽量减小传质阻力，使化学反应成为控制步骤。

Notzrbakhsh 等[160]认为具有催化活性的多孔膜可以在某种程度上影响反应物和中间产物的浓度分布，从而对反应的选择性和产物分布进行控制，Zaspalis 等[161]认为负载多孔膜上的催化剂的活性是传统球形催化剂的 10 倍以上，反应物和产物通过膜时，对反应的催化作用比扩散作用要强得多。

由于膜催化在催化高效性和使用寿命较长等方面表现出的优势，使其对多相催化反应显示出良好的应用前景。而研究膜催化反应动力学可以确立催化膜高效性反应机理，对化学反应过程有更本质的认识。本章将假设复合催化膜 flow-through 工艺连续催化制备生物柴油反应过程动力学为平推流模型，考察反应速率及转化率与复合膜物理参数（如膜厚度、膜面积和孔隙率等）和操作条件（如体积流速、反应温度等）之间的关系，探索反应过程传质阻力的影响规律，建立 SPES/PES/NWF 复合膜连续催化酯化反应动力学模型，为复合膜连续化制备生物柴油工业化奠定理论基础。

5.1　动力学模型建立

在膜催化反应中，反应物要达到催化膜表面，再深入微孔膜孔内部进行反应；

或者产物自催化膜微孔内表面到达外表面及液相空间，均需要经历相间扩散（外扩散）及膜孔内的扩散（内扩散）。扩散过程的速率小于表面反应的速率，则扩散过程将成为整个反应的控制步骤[162]。在这种情况下，由于传质阻力的存在，所测出的总反应速率均低于表面反应的本征速率。此时的动力学结果显然不是表面化学过程的规律，而是扩散行为的表现，而且使催化膜的效益得不到充分发挥。所以应该设计反应器使其能调节反应物和产物的选择性吸附、脱附和传递，或者强制反应物一次通过催化膜，减小传质阻力，使化学反应成为控制步骤，以达到催化系统的整体最优效果。

非均相催化反应过程的具体步骤如下[163]：

①反应物由液相主体扩散到催化膜表面；

②反应物由膜表面向膜孔内扩散，到达可进行反应的活性中心；

③④⑤依次进行反应物的吸附，反应物在表面上反应生成产物，产物自表面解吸，这总称为表面反应过程，其反应历程决定该催化反应的本征动力学；

⑥产物由膜孔内表面扩散到催化膜表面；

⑦产物由膜表面扩散到液相主体。

步骤①⑦属于外扩散，步骤②⑥属于内扩散。

本实验采用平推流模型阐述复合催化膜的连续催化酯化过程。基于以下三点假设：①所有反应粒子均以相同速度从进口向出口运动，即所有粒子在反应器内的停留时间相同；②在流体流动方向即轴向上不存在返混现象；③在较高的醇油比条件下，整个反应过程中甲醇的浓度视为常数。

5.1.1　内扩散阻力

对于多孔催化膜，孔内扩散对反应速率的影响不可忽略。内扩散阻力的判定通过内扩散因子来表示。内扩散阻力对反应的影响可归结为一无因子群 ϕ，ϕ 为席勒（Thiele）模数[164]。一般从膜表面到膜孔内部处反应物的浓度是逐渐降低的，ϕ 值的不同降低程度也有差异，ϕ 值越大，反应物的浓度变化越急剧，当 $\phi = 0.5$ 时，催化膜孔内反应物的浓度几乎与外表面处相等。膜孔内的浓度分布是反应的扩散与反应的综合结果，而 ϕ 值的大小又反映了浓度分布的特征，从 ϕ 值可以判断出内扩散对反应过程的影响程度。

ϕ 值由式（5-1）确定：

$$\phi = \sqrt{\frac{kL^2}{D_{\text{eff}}}} \qquad (5-1)$$

D_{eff} 为多孔膜的扩散系数，有别于在反应物主体中的扩散系数 D_0。D_{eff} 的数值通常由多孔膜的孔隙率 ε、曲折因子 τ 决定，即：

$$D_{\text{eff}} = D_0 \frac{\varepsilon}{\tau} \qquad (5-2)$$

其中 $$D_0 = D_{AB} = \frac{7.4 \times 10^{-8} \times (\phi \times M_B)^{0.5} \times T}{\mu \times V_A^{0.6}} \qquad (5-3)$$

式中：D_{AB}——有效扩散因子，m^2/s；

$\quad\quad M_B$——B 物质的分子量，g/mol；

$\quad\quad \phi$——溶剂与 B 物质的相关系数；

$\quad\quad T$——绝对温度，K；

$\quad\quad \mu$——B 物质的黏度，g/s；

$\quad\quad V_A$——A 物质在正常沸点下的摩尔体积，cm^3/mol。

通过计算得到：

$$D_0 = D_{AB} = \frac{7.4 \times 10^{-8} \times (1 \times 282)^{0.5} \times 338}{25 \times 42.5^{0.6}} = 1.77 \times 10^{-6} \ (m^2/s)$$

因此 $$\phi = L\sqrt{\frac{k\tau}{D_0\varepsilon}} \qquad (5-4)$$

式中：k——本征速率常数；

$\quad\quad \tau$——曲折因子，2.1；

$\quad\quad D_0$——有效扩散因子，$1.77 \times 10^{-6} m^2/s$；

$\quad\quad L$——膜厚度，mm；

$\quad\quad \varepsilon$——膜孔隙率，%。

传质对于总反应的影响由有效因子 η 来表示，经过简单的数学运算可得到：

$$\eta = \frac{\text{th}\phi}{\phi} \qquad (5-5)$$

其中 th 是反正弦双曲函数，且 $\text{th}x = \dfrac{\text{sh}x}{\text{ch}x}$，$\text{sh}x = \dfrac{1}{2}(e^x - e^{-x})$，$\text{ch}x = \dfrac{1}{2}(e^x + e^{-x})$。

因此，内扩散因子的计算公式为：

$$\eta = \frac{\mathrm{th}L\sqrt{\dfrac{k\tau}{D_0\varepsilon}}}{L\sqrt{\dfrac{k\tau}{D_0\varepsilon}}} \tag{5-6}$$

当 $\phi < 0.4$ 时，$\eta \approx 1$，即内扩散的影响可以忽略；而当 $\phi > 0.4$ 时，内扩散的影响不可以忽略。当 $\phi > 3$ 时，即内扩散严重时，可假定 $\eta \approx \dfrac{1}{\phi'}$。

5.1.2 外扩散阻力

为定量说明外扩散对均相催化反应过程的影响，需引入外扩散（相间）有效因子 η_x 的概念[165]：

$$\eta_x = \frac{R_{xi}}{R_{x0}} \tag{5-7}$$

式中：R_{xi}——实际催化膜外表面上的反应速率；

R_{x0}——无外扩散影响时催化膜外表面上的反应速率。

η_x 的数值反映了外扩散对非均相催化反应速率的影响。显然，当不存在外扩散影响时，$\eta_x = 1$；当存在外扩散影响时，$\eta_x < 1$，因为无外扩散影响时的反应速率总是大于有外扩散影响时的反应速率。外扩散影响越严重，η_x 越小。

对于一级反应：

$$\eta_x = \frac{1}{1 + D_a} \tag{5-8}$$

其中，D_a 为丹克莱尔数（Damkohler），是化学反应速率与外扩散速率之比，当 $D_a \to 0$ 时，外扩散阻力趋近于 0，外扩散无影响；D_a 越大，外扩散影响越严重。即

$$D_a = \frac{kC_{Ag}^{n-1}}{k_s a} \tag{5-9}$$

对于一级反应：

$$D_a = \frac{k}{k_s a} \tag{5-10}$$

式中：k——复合催化膜的反应速率常数，s^{-1}；

a——复合催化膜的比表面积（S_m / V_m），m^{-1}；

k_s——复合催化膜外表面液固传质系数，m/s。

液固传质系数 k_s 的计算：

$$Sh = \alpha\, Re^\beta Sc^\gamma \tag{5-11}$$

Sh 为舍伍德数：

$$Sh = \frac{k_s d_h}{D} \tag{5-12}$$

式中：d_h——水力直径，m；

D——扩散系数，m^2/s。

Re 为雷诺数：

$$Re = \frac{\rho u D}{\mu} = \frac{QD}{vA} \tag{5-13}$$

式中：ρ——流体密度，kg/m；

$\quad u$——流体速度，m/s；

$\quad \mu$——流体动力黏度，$Pa \cdot s$ 或 $N \cdot s/m^2$；

$\quad D$——直径（一般为特征长度），m；

$\quad v$——运动黏度（$v = \mu/\rho$），m^2/s；

$\quad Q$——体积流量，m^3/s；

$\quad A$——横截面积，m^2。

Sc 为施密特数：

$$Sc = \frac{\mu}{\rho D} \tag{5-14}$$

利用平板膜上的 Sherwood 传质关联式来获得上述两者之间的关系，传统平板膜上的 Sh 关联式为：

$$Sh = 0.664 Re^{\frac{1}{2}} Sc^{\frac{1}{3}} \quad (Re<15000) \tag{5-15}$$

又因为 $Sh = \dfrac{k_s d_h}{D_0}$，两式联立可以求出 k_s。

对于分子不缔合的液体混合物的黏度可采用下式进行计算：

$$\lg \mu_m = \sum x_i \lg \mu \tag{5-16}$$

式中：μ_m——液体混合物的黏度，$Pa \cdot s$；

$\quad\quad x$——液体混合物中组分的摩尔分率；

$\quad\quad \mu$——与液体混合物同温度下组分的黏度，$Pa \cdot s$。

两种混合物的密度，根据手册可知[166]：65℃下，甲醇 $\rho = 0.7611g/cm^3$，$\mu = 0.344Pa \cdot s$；油酸 $\rho = 0.8643g/cm^3$，$\mu = 9.41Pa \cdot s$。

5.1.3　反应速率方程

以复合催化膜作为非均相酸催化剂，油酸和甲醇进行酯化反应生成脂肪酸甲酯和水。反应方程式如下：

$$RCOOH + CH_3OH \xrightarrow[k_2]{k_1} RCOOCH_3 + H_2O \tag{5-17}$$

上述反应的宏观化学反应速率可由下式表示：

$$-\frac{dC_{RCOOH}}{dt} = k_1 \cdot C_{RCOOH} \cdot C_{R^2OH} - k_2 \cdot C_{RCOOR^2} \cdot C_{H_2O} \tag{5-18}$$

其中 k_1、k_2 分别是正逆反应速率常数，C_{RCOOH} 是油酸（FFA）的浓度，C_{R^2OH} 是甲醇的浓度，C_{RCOOR^2} 是脂肪酸甲酯的浓度，C_{H_2O} 是水的浓度。逆反应进行的程度很小，k_2 很小，甲醇浓度大幅过量，故可以认为是常数，所以可简化为一级反应，速率方程为[167]：

$$\gamma = -\frac{dC_{RCOOH}}{dt} = k_1 \cdot C_{RCOOH} \tag{5-19}$$

其中 γ 是反应物油酸的反应速率 $[mol/(cm^3 \cdot min)]$，k_1 是正反应的速率常数，C_{RCOOH} 是反应物油酸(FFA)的浓度。又：

$$C_{RCOOH,t} = C_{RCOOH,0}(1 - X) \tag{5-20}$$

其中 X 是油酸的转化率，$C_{RCOOH,0}$ 是油酸（FFA）的初始浓度，$C_{RCOOH,t}$ 是在反应时间为 t 时刻时 FFA 的瞬时浓度。

将式（5-20）代入式（5-19）并积分，整理得：

$$-\ln(1 - X) = kt \tag{5-21}$$

由此可知只需对停留时间 t 和 $-\ln(1 - X)$ 作图，斜率即为反应速率常数。

5.1.4　单层膜催化反应动力学模型推导

如图 5-1 所示，原料液在催化膜膜孔中的流动近似为平推流。油酸浓度是沿着膜厚度而逐渐变化的[168]。

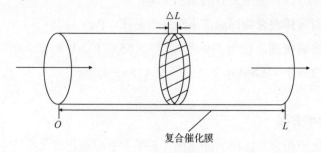

图 5-1　原料液在复合催化膜膜孔中的流动示意图

一级反应速率方程为：

$$r = -\frac{\mathrm{d}C_{\mathrm{RCOOH}}}{\mathrm{d}t} = k \cdot C_{\mathrm{RCOOH}} \tag{5-22}$$

其中 γ 是原料油中游离脂肪酸的反应速率[$\mathrm{mol}/(\mathrm{cm}^3 \cdot \mathrm{min})$]，$k$ 是反应速率常数，C_{RCOOH} 是反应物油酸(FFA)的浓度。

由

$$t = \frac{V}{R} = \frac{S_{\mathrm{m}}L\varepsilon}{R} \Rightarrow \mathrm{d}t = \frac{S_{\mathrm{m}}\varepsilon}{R}\mathrm{d}L \tag{5-23}$$

代入式（5-19）中得：

$$-\frac{\mathrm{d}C_{\mathrm{RCOOH}}}{\mathrm{d}L} \cdot \frac{R}{S_{\mathrm{m}}\varepsilon} = kC_{\mathrm{RCOOH}} \tag{5-24}$$

式中：$\dfrac{\mathrm{d}C_{\mathrm{RCOOH}}}{\mathrm{d}L}$ ——油酸浓度梯度，$\mathrm{mol}/(\mathrm{mL} \cdot \mathrm{cm})$；

$\dfrac{R}{S_{\mathrm{m}}\varepsilon}$ ——单位横截面上反应物的通量，$\mathrm{mL}/(\mathrm{min} \cdot \mathrm{cm}^2)$；

L ——复合膜厚度，cm；

R ——物料膜反应器内的平均体积流速，mL/min；

S_{m} ——复合膜面积，cm^2；

ε ——孔隙率。

考虑到扩散阻力的影响，引入内外扩散因子 η、η_x [169]，则式（5-22）可变为：

$$-\frac{\mathrm{d}C_{\mathrm{RCOOH}}}{\mathrm{d}L} \cdot \frac{R}{S_{\mathrm{m}}\varepsilon} = \eta \cdot \eta_x \cdot k \cdot C_{\mathrm{RCOOH}} \tag{5-25}$$

设 η_0 为总扩散因子，则式（5-25）变为：

$$\frac{\mathrm{d}C_{\mathrm{RCOOH}}}{\mathrm{d}L} \cdot \frac{R}{S_{\mathrm{m}}\varepsilon} = -\eta_0 k C_{\mathrm{RCOOH}} \tag{5-26}$$

式（5-26）可以写成：

$$\frac{\mathrm{d}C_{\mathrm{RCOOH}}}{C_{\mathrm{RCOOH}}} \cdot \frac{R}{S_{\mathrm{m}}\varepsilon} = -\eta_0 k \mathrm{d}L \tag{5-27}$$

两边积分，得：

$$\ln \frac{C_{\mathrm{RCOOH},\,0}}{C_{\mathrm{RCOOH},\,t}} \cdot \frac{R}{S_{\mathrm{m}}\varepsilon} = \eta_0 k L \tag{5-28}$$

$$\ln \frac{1}{1-X} = \eta_0 \cdot \eta_x \cdot k L \cdot \frac{S_{\mathrm{m}}\varepsilon}{R} \tag{5-29}$$

又

$$C_{\mathrm{RCOOH},\,t} = C_{\mathrm{RCOOH},\,0}(1-X) \tag{5-30}$$

其中 X 是转化率，将式（5-30）代入式（5-29），整理得：

$$X = 1 - \exp\left(-\eta_0 k L \cdot \frac{S_{\mathrm{m}}\varepsilon}{R}\right) \tag{5-31}$$

又由阿伦尼乌斯方程：

$$k = A\exp\left(-\frac{E_{\mathrm{a}}}{R_0 T}\right) \tag{5-32}$$

代入式（5-31）可得，复合催化膜连续催化酯化反应的转化率随温度、流速、孔隙率和膜厚度变化的动力学模型为：

$$X = 1 - \exp\left[-\eta_0 L \cdot \frac{S_{\mathrm{m}}\varepsilon}{R} \cdot A\exp\left(-\frac{E_{\mathrm{a}}}{R_0 T}\right)\right] \tag{5-33}$$

其中：

$$\eta_0 = \frac{\mathrm{th}L\sqrt{\dfrac{k\tau}{D_0\varepsilon}}}{L\sqrt{\dfrac{k\tau}{D_0\varepsilon}}} \tag{5-34}$$

5.1.5　多层膜催化反应动力学模型推导

在第四章中考察了复合膜层数与酯化反应转化率之间的关系。在本章节中基于两者的关系从理论上建立模型，进一步研究复合膜层数与酯化反应转化率之间的关系，为以后复合膜连续催化酯化反应工业化应用提供理论指导。为了进一步证明章节 5.1.4 已建立的单层膜动力学模型的准确性，以下将从另一个角度证明。图 5-2 所示为一流动反应器的示意图[170]。

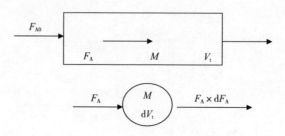

图 5-2　流动系统的反应速率

如图 5-2 所示，反应物 A 连续地以摩尔流量 F_{A0} 通入反应器进行反应，如果达到定常态，则反应器内任何一点处的物系参数将不随时间而变。设 M 为反应器内任意点，该点的体积为 dV_t，V_t 为反应体积。反应体积是指进行化学反应的空间。由于取得 dV_t 很小，可以认为此体积内的物系参数是均匀的。若进入该体积的反应物 A，其摩尔流量为 F_A，通过该体积后变为 $F_{A0}-dF_{A0}$，这种变化完全是由于化学反应的结果[171]。因此单位时间内单位体积中反应物的转化量，即反应速率为：

$$r_A = \frac{dF_A}{dV} \tag{5-35}$$

又由于反应速率也可以写为：

$$r_A = kC_A \tag{5-36}$$

两式联立得：

$$\frac{dF_A}{dV} = kC_A = kC_{A0}(1-x) \tag{5-37}$$

$$dF_A = kC_{A0}(1-x)dV \tag{5-38}$$

进一步化简为：

$$dF_{A0}(1-x) = kC_{A0}(1-x)dV \tag{5-39}$$

$$-F_{A0}dx = kC_{A0}(1-x)\varepsilon S_m dL \tag{5-40}$$

$$-Rdx = k\varepsilon S_m(1-x)dL \tag{5-41}$$

$$\mathrm{d}x = -\frac{k\varepsilon S_{\mathrm{m}}(1-x)}{R}\mathrm{d}L \tag{5-42}$$

加入内外扩散因子，得：

$$-\frac{1}{1-x}\mathrm{d}x = \eta_0 \cdot \eta_x \cdot \frac{k\varepsilon S_{\mathrm{m}}}{R}\mathrm{d}L \tag{5-43}$$

两边积分，得：

$$-\ln(1-x)\mid_{x_{n-1}}^{x_n} = \int_0^L \eta_0 \cdot \eta_x \cdot \frac{k\varepsilon S_{\mathrm{m}}}{R}\mathrm{d}L = \eta_0 \cdot \eta_x \cdot \frac{k\varepsilon S_{\mathrm{m}}L}{R} \tag{5-44}$$

多层膜反应中，第一层膜反应的出料即为第二层膜的进料，所以：

$$\ln\frac{1}{1-x_1} = \eta_0 \cdot \eta_x \cdot \frac{k\varepsilon S_{\mathrm{m}}L}{R} \tag{5-45}$$

$$\ln\frac{1}{1-x_2} - \ln\frac{1}{1-x_1} = \eta_0 \cdot \eta_x \cdot \frac{k\varepsilon S_{\mathrm{m}}L}{R} \tag{5-46}$$

$$\ln\frac{1}{1-x_3} - \ln\frac{1}{1-x_2} = \eta_0 \cdot \eta_x \cdot \frac{k\varepsilon S_{\mathrm{m}}L}{R} \tag{5-47}$$

$$\cdots\cdots$$

$$\ln\frac{1}{1-x_n} - \ln\frac{1}{1-x_{n-1}} = \eta_0 \cdot \eta_x \cdot \frac{k\varepsilon S_{\mathrm{m}}L}{R} \tag{5-48}$$

叠加得：

$$\ln\frac{1}{1-x_n} = \eta_0 \cdot \eta_x \cdot \frac{k\varepsilon S_{\mathrm{m}}nL}{R} \tag{5-49}$$

式（5-30）与式（5-49）一致，由此证明已建立的动力学模型可以准确地描述酯化反应。如果每层膜的厚度不同，可以用式（5-50）表述：

$$\ln\frac{1}{1-x_n} = \eta_0 \cdot \eta_x \cdot \frac{k\varepsilon S_{\mathrm{m}}(L_1 + L_2 + \cdots + L_n)}{R} \tag{5-50}$$

同理每层膜的内扩散阻力不同也可以写为：

$$\ln\frac{1}{1-x_n} = \frac{k\varepsilon S_{\mathrm{m}}(\eta_1 L_1 + \eta_2 L_2 + \cdots + \eta_n L_n)}{R} \tag{5-51}$$

每层膜的孔隙率不同可以写为：

$$\ln\frac{1}{1-x_n} = \frac{k\varepsilon L(\eta_1 S_{\mathrm{m}1} + \eta_2 S_{\mathrm{m}2} + \cdots + \eta_n S_{\mathrm{m}n})}{R} \tag{5-52}$$

在实验过程中可以发现一个非常有趣的现象：把一层膜循环反应 n 次和 n 片膜放在一个反应器中一次反应测得的转化率是不一样的。以下从动力学角度分析原因。

把一层膜循环反应 n 次，由式（5-29）~式（5-39）得到其动力学方程为（根据前面讨论，该实验忽略外扩散，所以 $\eta_x = 1$）：

$$\ln \frac{1}{1 - x_n} = \eta_0 \cdot \frac{k\varepsilon S_m nL}{R} \tag{5-53}$$

由于式（5-45）~式（5-49）中可知，η_0 始终为单片膜的内扩散系数，所以：

$$\eta_0 = \frac{\text{th}L\sqrt{\dfrac{k\tau}{D_0\varepsilon}}}{L\sqrt{\dfrac{k\tau}{D_0\varepsilon}}} \tag{5-54}$$

式（5-50）可写为：

$$\ln \frac{1}{1 - x_n} = \frac{\text{th}L\sqrt{\dfrac{k\tau}{D_0\varepsilon}}}{\sqrt{\dfrac{k\tau}{D_0\varepsilon}}} \cdot \frac{k\varepsilon S_m n}{R} \tag{5-55}$$

把 n 片膜放在一个膜反应器中动力学方程可以写为：

$$\ln \frac{1}{1 - x_n} = \eta_0 \cdot \frac{k\varepsilon S_m nL}{R} \tag{5-56}$$

其中 η_0 为 n 片膜总的内扩散系数，所以：

$$\eta_0 = \frac{\text{th}nL\sqrt{\dfrac{k\tau}{D_0\varepsilon}}}{nL\sqrt{\dfrac{k\tau}{D_0\varepsilon}}} \tag{5-57}$$

进而式（5-55）可以写为：

$$\ln \frac{1}{1 - x_n} = \frac{\text{th}nL\sqrt{\dfrac{k\tau}{D_0\varepsilon}}}{\sqrt{\dfrac{k\tau}{D_0\varepsilon}}} \cdot \frac{k\varepsilon S_m}{R} \tag{5-58}$$

又因为 th 是反正弦双曲函数，取值范围在（-1，1），所以公式（5-58）中

$\mathrm{th}nL\sqrt{\dfrac{k\tau}{D_0\varepsilon}}$ 范围是（0，1），因此式（5-54）中 x 大于式（5-56）中的 x，$n=1$ 情况下除外。也就是说一层膜循环反应 n 次得到的转化率高于把 n 片膜放在一个反应器中一次反应得到的转化率，在本章结果与讨论部分会证明这一点。

5.1.6　模型预测

理论模拟值与实验值的吻合程度用 RMS（root mean square）[172] 表示：

$$\mathrm{RMS}=\sqrt{\frac{1}{N}\sum_{i=1}^{N}\left(X_i^{\mathrm{exp}}-X_i^{\mathrm{cal}}\right)^2} \tag{5-59}$$

其中 N 为实验次数；X_i^{exp} 是转化率的实验值；X_i^{cal} 是转化率的理论模拟值。

5.2　结果与讨论

5.2.1　内扩散阻力

由式（5-4）得：

$$\phi=\sqrt{\frac{kL^2}{D_{\mathrm{eff}}}}=L\sqrt{\frac{2.1}{1.77\times10^{-6}}}\sqrt{\frac{k}{\varepsilon}}=1.09\times10^{-3}L\sqrt{\frac{k}{\varepsilon}} \tag{5-60}$$

从式（5-60）中可以看出，ϕ 的大小与膜的孔隙率和厚度都有关，计算膜厚度分别为 0.708mm、1.215mm、1.723mm、2.314mm 和 2.820mm 下孔隙率从 32% 到 68% 的 ϕ 值，如图 5-3 所示。

从图 5-3 可得出，膜厚度对 ϕ 值的影响程度大于孔隙率对 ϕ 值的影响程度。膜厚度为 2.314 mm，孔隙率从 68% 降到 32%，ϕ 值都没有小于 0.4，也就是说膜厚度为 2.314mm 时，内扩散不可以忽略。而膜厚度为 1.215mm 时，孔隙率从 68% 降到 32%，ϕ 值都没有大于 0.4，也就是说膜厚度为 1.215mm 时，内扩散可以忽略。膜厚度为 1.723mm，孔隙率从 68% 降到 52% 时，内扩散可以忽略，孔隙率从 52% 降到 32% 时，内扩散不可以忽略。通过式（5-25）可得：$L<1.467$mm 时，孔隙率从 68% 降到 32% 时，内扩散可以忽略；$L>1.779$mm 时，孔隙率从 68% 降到 32% 时，

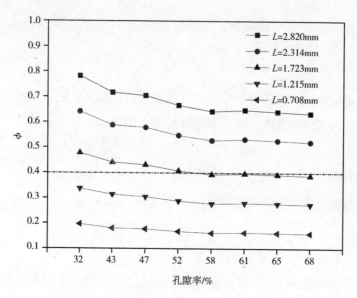

图5-3　不同孔隙率和膜厚度下的 ϕ 值

内扩散不可以忽略。

得到 ϕ 值，通过式（5-26），相应地可以得到 η 值，如图5-4所示。η 值越接近1，内扩散就越可以忽略。通过图5-4可以得到与以上相应的结果。膜厚度为1.215mm时，η 值越接近1，内扩散就越可以忽略；而膜厚度为2.314mm时，内扩散就不可以忽略。

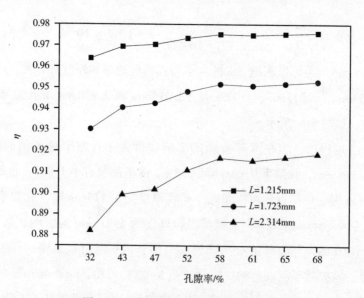

图5-4　不同孔隙率和膜厚度下的 η 值

由图 5-4 也可以看出，η 值随孔隙率的增大而增大。说明孔隙率越大，内扩散对反应速率的影响越小。此外，比较不同膜厚度下的 η 值发现：膜厚度越大，η 值越小，说明膜厚度越大，内扩散对反应速率的影响越大。从不同孔隙率不同膜厚度下的 η 值大小总是接近于 1，可以推断出该 flow-through 模式下的膜催化酯化反应属于化学反应控制，而不是扩散控制[173]。

5.2.2 外扩散阻力

在均相催化反应中，流动着的液相主体中的反应物，首先必须通过包围在固体催化膜外表面的滞留层，扩散至催化膜外表面。通常，由此滞留层所产生的外扩散阻力，随着通过催化膜流体体积流速的增大而减小，体积流速增大，滞留层变薄，外扩散阻力降低，扩散系数增加，从而使外扩散速率加快。体积流速是指单位时间、单位截面积上通过的流体体积。但是，流体体积流速的变化对于内扩散及表面反应过程并无影响。因此，流体体积流速的改变能够使催化反应速率发生变化乃是外扩散控制的特点，据此即可判断一个催化反应体系是否处于外扩散控制[174]。

考察外扩散阻力是否成为控制因素，可以在保持接触时间恒定的条件下，改变催化反应体系的进料量，以观察进出口物料转化率的变化。为保证接触时间相同，可使每次实验的催化膜质量及反应原料的体积流速之比 V/F 保持恒定，这就使接触时间恒定。通过在 65℃ 下、选用厚度为 1.723mm 的催化膜进行动力学实验，可以获得转化率与原料液的体积流速的关系。

$-\ln(1-X)$ 和停留时间 t 之间均具有较好的一次线性相关性，并且用 Matlab 软件拟合出来的直线与 y 轴的截距为零，说明孔隙率 43%、52%、61% 和 68% 的复合催化膜作为非均相催化剂连续催化酯化反应级数为一级，表观反应速率常数分别为 $0.0212s^{-1}$、$0.0245s^{-1}$、$0.0271s^{-1}$ 和 $0.0289s^{-1}$。同理，可以求出孔隙率为 32%、47%、58% 和 65% 的复合催化膜的反应速率常数分别为 $0.0207s^{-1}$、$0.0229s^{-1}$、$0.02271s^{-1}$ 和 $0.0283\ s^{-1}$，见表 5-1。

表 5-1　不同孔隙率下复合膜的反应速率常数

孔隙率 $\varepsilon/\%$	32	43	47	52	58	61	65	68
反应速率常数 k/s^{-1}	0.0207	0.0212	0.0229	0.0245	0.0253	0.0271	0.0283	0.0289
$\left(\dfrac{k}{\varepsilon}\right)^{\frac{1}{2}}$	0.2772	0.2542	0.2499	0.2364	0.2277	0.2296	0.2272	0.2248

5.2.3 反应速率常数与膜孔隙率的关系

通过对比不同孔隙率下复合膜的反应速率常数，可以看出，膜孔隙率越大，膜催化反应速率常数越大。这是由于在不同孔隙率下，暴露的催化活性点数目不同和内扩散对反应速率的影响不同导致的。

通过计算不同孔隙率下复合膜的反应速率常数，并结合 Matlab 软件进行非线性拟复合膜的反应速率常数与膜孔隙率的关系，得到曲线如图 5-5 所示。

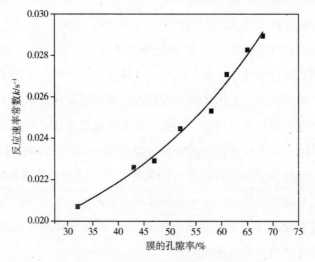

图 5-5　复合膜反应速率常数与膜孔隙率的关系

在反应温度为 65℃，醇油质量比为 3∶1 时，反应速率常数与膜孔隙率满足如下关系：

$$k = 0.0164 + 0.00165\exp\frac{\varepsilon}{0.33276} \tag{5-61}$$

5.2.4 反应活化能与指前因子

根据 Arrenuis 方程，k 可表示为温度的函数[175]：

$$k = A\exp\left(-\frac{E_a}{R_0 T}\right) \tag{5-62}$$

两边取对数，得：

$$\ln k = \ln A - \frac{E_{\mathrm{a}}}{R_0 T} \tag{5-63}$$

将 $\ln k$ 对 $\dfrac{1}{T}$ 进行线性回归，利用斜率就可以求出表观活化能，通过外延得直线截距，可以得到指前因子。如图 5-6 所示。

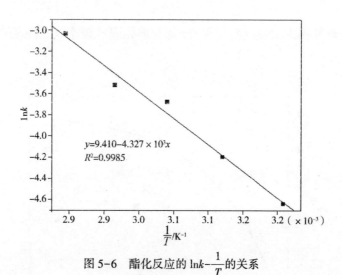

图 5-6　酯化反应的 $\ln k$-$\dfrac{1}{T}$ 的关系

由图 5-6 可以计算出复合膜连续酯化催化反应活化能 E_{a} 为 35.97kJ/mol，指前因子为 12209.87。即 $k = 12209.87\exp\left(-\dfrac{4.327 \times 10^3}{T}\right)$，根据表观活化能数据，也可以推断该 flow-through 模式下的膜催化酯化反应属于化学反应控制。

5.2.5　单层膜动力学模型验证

5.2.5.1　膜孔隙率对转化率影响

采用该模型进行不同复合膜孔隙率对应反应转化率的预测，其中固定膜厚度 $L = 8.615\mathrm{mm}$，有效催化面积 $S_{\mathrm{m}} = 36.3 \times 10^{-4}\ \mathrm{m}^2$，体积流速 $R = 2\mathrm{mL/min}$，通过 Matlab 软件模拟出表观反应速率常数和催化膜孔隙率的函数关系：

$$k = 0.0164 + 0.00165 \times \exp\frac{\varepsilon}{0.33276}$$

则以上数据和方程代入模型：

$$\ln \frac{1}{1-x} = \eta kL \cdot \frac{S_{\mathrm{m}}\varepsilon}{R}$$

得：

$$\ln \frac{1}{1-x} = \frac{8.615 \times 10^{-3} \times 36.3 \times 10^{-4}\varepsilon}{2 \times 10^{-3}/60} \times (0.0164 + 0.0016 \times \mathrm{e}^{\frac{\varepsilon}{0.3328}})$$

$$(5-64)$$

用 Matlab 软件模拟出反应转化率（x）和催化膜孔隙率（ε）的函数关系，如图 5-7 所示。

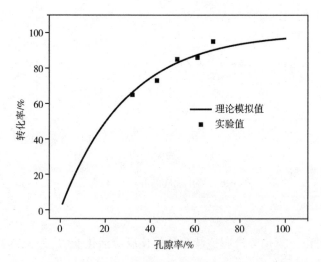

图 5-7 不同膜孔隙率对应转化率的实验值与理论模拟值对比图

图 5-7 中的实线是固定膜厚度、有效催化面积和体积流速下，用 Matlab 软件模拟出反应转化率和催化膜孔隙率的函数关系图，黑点是实验值。可以看到，实验值与理论模拟值有很好的对应关系。而且从图中也可以看出随着膜孔隙率的增加，转化率是逐渐增加的。

5.2.5.2 膜厚度对转化率的影响

固定膜孔隙率为 52%，有效催化面积 $S_{\mathrm{m}} = 36.3 \times 10^{-4} \mathrm{m}^2$，体积流速 $R = 2\mathrm{mL/min}$。则以上数据代入模型：

$$\ln \frac{1}{1-x} = \eta kL \cdot \frac{S_m \varepsilon}{R}$$

得：

$$\ln \frac{1}{1-x} = 0.0245 \times \frac{36.3 \times 10^{-4} \times 0.52}{2 \times 10^{-3}/60} L \qquad (5\text{-}65)$$

用 Matlab 软件模拟出反应转化率（x）和催化膜厚度（L）的函数关系，如图 5-8 所示。

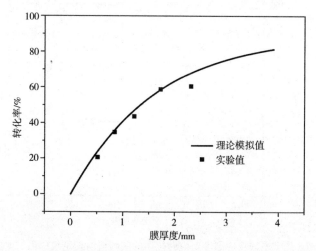

图 5-8　不同膜厚度对应转化率的实验值与理论模拟值对比图

图 5-8 中实线是固定膜孔隙率、有效催化面积和体积流速下，用 Matlab 软件模拟出反应转化率和催化膜厚度的函数关系曲线，黑点是实验值。从图 5-8 中可以看出，实验值与理论模拟值有很好的对应关系。膜厚度小于 1.779mm 时没有内扩散，反应转化急剧上升，随着膜厚度的进一步增加，内扩散增加，转化率增加缓慢。

5.2.5.3　反应温度对转化率的影响

由反应速率常数与温度的关系 $k = 12209.87\exp\left(-\frac{4.327 \times 10^3}{T}\right)$，固定膜厚度 $L = 8.615$mm，膜孔隙率 $\varepsilon = 68\%$，有效催化面积 $S_m = 36.3 \times 10^{-4}$ m²，体积流速 $R = 2$mL/min，则以上数据和方程代入模型：

$$\ln \frac{1}{1-x} = \eta kL \cdot \frac{S_m \varepsilon}{R}$$

得：

$$\ln \frac{1}{1-x} = 12209.87 \exp\left(-\frac{4.327 \times 10^3}{T}\right) \times \frac{1.215 \times 10^{-3} \times 36.3 \times 10^{-4} \times 0.68}{2 \times 10^{-3}/60}$$

$$(5-66)$$

用 Matlab 软件模拟出反应转化率（x）和反应温度（T）的函数关系，如图 5-9 所示。

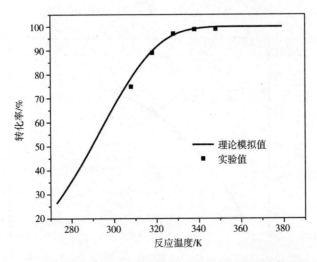

图 5-9 不同反应温度对应转化率的实验值与理论模拟值对比图

图 5-9 中实线是用 Matlab 软件模拟出的反应转化率和反应温度的函数关系曲线，黑点是实验值。从图 5-9 中可以看出，实验值与理论模拟值有很好的对应关系。从图 5-9 中也可以看出，随着反应温度的增加，转化率是逐渐增加的[176]，反应温度达到 338K 时，转化率趋于稳定。

5.2.5.4 体积流速对转化率的影响

采用该模型进行不同体积流速对应反应转化率的预测，其中固定膜厚度 $L = 1.215$mm，有效催化面积 $S_m = 36.3 \times 10^{-4}\,m^2$，孔隙率为 $\varepsilon = 68\%$，速率常数 $k = 0.0289\,s^{-1}$，则以上数据代入模型：

$$\ln \frac{1}{1-x} = \eta k L \cdot \frac{S_m \varepsilon}{R}$$

得：

$$\ln \frac{1}{1-x} = 0.02894 \times \frac{1.215 \times 10^{-3} \times 36.3 \times 10^{-4} \times 0.68}{R \times 10^{-3}/60} \tag{5-67}$$

用 Matlab 软件模拟出反应转化率（x）和体积流速（R）的函数关系，如图 5-10 所示。

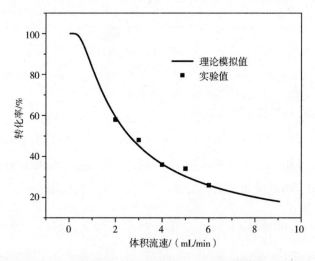

图 5-10　不同体积流速对应转化率的实验值与理论模拟值对比图

图 5-10 中实线是用 Matlab 软件模拟出的反应转化率和体积流速的函数关系曲线，黑点是实验值。从图 5-10 中可以看出，实验值与理论模拟值有很好的对应关系，而且随着体积流速的增加，转化率是逐渐下降的。

表 5-2 所示为转化率的实验值与理论模拟值的对比。从表中可以看出，RMS 值均小于 5，即实验值与模型值吻合度较好。

表 5-2　转化率的实验值与理论模拟值的对比

项目	数值					
膜厚度/mm	0.51	0.838	1.215	1.723	2.314	RMS
实验值/%	23.4	36.2	46.6	58.5	67.8	3.76
理论模拟值/%	20.6	34.7	43.6	58.7	60.5	
膜空隙率/%	32	43	52	61	68	RMS
实验值/%	64.9	73.3	85.5	86.0	95.4	3.22
理论模拟值/%	66.6	76.9	83.0	87.6	90.2	

项目	数值					
反应温度/K	308	318	328	338	348	RMS
实验值/%	75.9	89.2	97.2	98.2	98.8	1.35
理论模拟值/%	78.5	89.9	96.4	99.0	99.6	

5.2.6 多层膜动力学模型验证

5.2.6.1 膜孔隙率对转化率的影响

采用该模型进行催化膜不同孔隙率对应反应转化率的预测，反应条件为有效催化面积 $S_m = 36.3 \times 10^{-4} \, m^2$，体积流速 $R = 2mL/min$，通过 Matlab 软件模拟出表观反应速率常数和催化膜孔隙率的函数关系：

$\eta k = 0.0164 + 0.00165 \times \exp \dfrac{\varepsilon}{0.33276}$ 其中反应式分为两种：一种是 6 层膜固定在膜反应器中反应物一次通过反应；另一种是一层膜循环反应 6 次。将以上数据和方程分别代入式（5-56）和式（5-58）得：

$$\ln \frac{1}{1-x_n} = \frac{36.3 \times 10^{-4} \times 6 \times 1.723 \times 10^{-3} \varepsilon}{2 \times 10^{-3}/60} \times (0.0164 + 0.0016 \times e^{\frac{\varepsilon}{0.3328}})$$

$$(5-68)$$

$$\ln \frac{1}{1-x_n} = \frac{th(6 \times 1.723 \times 1.96 \times 10^{-3})}{1.96 \times 10^{-3}} \frac{36.3 \times 10^{-4} \varepsilon}{2 \times 10^{-3}/60} \times$$

$$(0.0164 + 0.0016 \times e^{\frac{\varepsilon}{0.3328}}) \qquad (5-69)$$

用 Matlab 软件模拟出反应转化率（x）和催化膜孔隙率（ε）的函数关系，如图 5-11 所示。

图 5-11 中实线是固定膜厚度、有效催化面积和体积流速下，用 Matlab 软件模拟出反应转化率和催化膜孔隙率的函数关系图，点是实验值。从图 5-11 中可以看出，实验值与理论模拟值有很好的对应关系。而且随着膜孔隙率的增加，转化率是逐渐增加的[177]。从图 5-11 中也可以看出，一层膜循环反应 6 次得到转化率高于 6 层膜固定在膜反应器中一次反应得到的转化率，这个结果与 5.1.5 得到的一致。

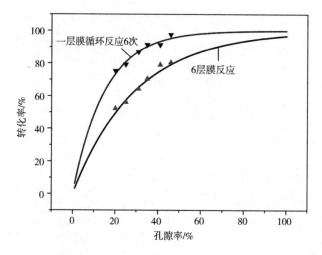

图 5-11　不同膜孔隙率对应转化率的实验值与理论模拟值比较图

5.2.6.2　膜厚度对转化率影响

固定膜孔隙率为 52%，有效催化面积 $S_m = 36.3 \times 10^{-4}\ \mathrm{m^2}$，其中膜的层数为 8 层或者一层膜通过 8 次膜反应器，体积流速 $R = 2\mathrm{mL/min}$。其中反应方式分为两种：一种是 8 层膜固定在膜反应器中反应物一次通过反应，另一种是一层膜循环反应 8 次。将以上数据分别代入式（5-56）和式（5-58），得：

$$\ln \frac{1}{1-x_n} = \eta_0 \cdot \frac{k\varepsilon S_m nL}{R} = 0.0245 \times \frac{36.3 \times 10^{-4} \times 0.52 \times 8 \times 1.723}{2 \times 10^{-3}/60}L$$

$$(5\text{-}70)$$

$$\ln \frac{1}{1-x_n} = \frac{\mathrm{th}nL\sqrt{\dfrac{k\tau}{D_0 \varepsilon}}}{\sqrt{\dfrac{k\tau}{D_0 \varepsilon}}} \cdot \frac{k\varepsilon S_m}{R} = \frac{\mathrm{th}(8 \times 1.723 \times 1.96 \times 10^{-3})}{1.96 \times 10^{-3}} \times$$

$$0.0245 \times \frac{36.3 \times 10^{-4} \times 0.52}{2 \times 10^{-3}/60}L \qquad (5\text{-}71)$$

用 Matlab 软件模拟出反应转化率（x）和催化膜厚度（L）的函数关系，如图 5-12 所示。

图 5-12 中实线是固定膜孔隙率、有效催化面积和体积流速下，用 Matlab 软件模拟出反应转化率和催化膜厚度的函数关系曲线，点是实验值。从图 5-12 中可以

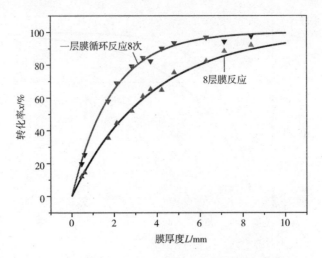

图 5-12 不同膜厚度对应转化率的实验值与模型值比较图

看出，实验值与理论模拟值有很好的对应关系。$L < 1.779\text{mm}$ 时，没有内扩散，反应转化急剧上升，随着 L 的增加，内扩散增加，转化率增加缓慢。膜厚度超过 5mm，转化率可以接近 100%。从图 5-12 中也可以看出，一层膜循环反应 8 次得到的转化率高于八层膜固定在膜反应器中一次反应得到的转化率，这个结果与 5.1.5 得到的一致。

5.2.6.3 反应温度对转化率的影响

由反应速率常数与温度的关系 $k = 12209.87\exp\left(-\dfrac{4.327 \times 10^{3}}{T}\right)$，膜孔隙率 $\varepsilon = 68\%$，有效催化面积 $S_{\text{m}} = 36.3 \times 10^{-4} \text{ m}^2$，体积流速 $R = 2\text{mL/min}$。其中反应方式分为两种：一种是 10 层膜固定在膜反应器中反应物一次通过反应，另一种是一层膜循环反应 10 次。将以上数据分别代入式（5-52）和式（5-53），得：

$$\ln\frac{1}{1-x_n} = \eta_0 \cdot \frac{k\varepsilon S_{\text{m}}nL}{R} = 12209.87\exp\left(-\frac{4.327 \times 10^{3}}{T}\right) \times$$

$$\frac{10 \times 1.723 \times 10^{-3} \times 36.3 \times 10^{-4} \times 0.68}{2 \times 10^{-3}/60} \tag{5-72}$$

$$\ln\frac{1}{1-x_n} = \frac{\text{th}(10 \times 1.723 \times 1.96 \times 10^{-3})}{1.96 \times 10^{-3}} \times 12209.87\exp\left(-\frac{4.327 \times 10^{3}}{T}\right) \times$$

$$\frac{36.3 \times 10^{-4} \times 0.68}{2 \times 10^{-3}/60} \tag{5-73}$$

用 Matlab 软件模拟出反应转化率 (x) 和反应温度 (T) 的函数关系, 如图 5-13 所示。

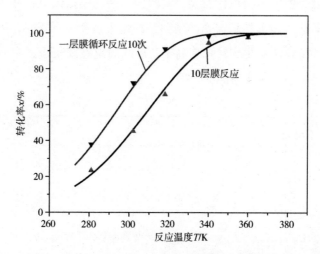

图 5-13　不同反应温度对应转化率的实验值与理论模拟值比较

图 5-13 中实线是用 Matlab 软件模拟出的反应转化率和反应温度的函数关系, 点是实验值。从图 5-13 中可以看出, 实验值与理论模拟值有很好的对应关系。从图中也可以看出, 随着反应温度的升高, 转化率是逐渐增加的。而且也可以看出, 一层膜循环反应 10 次得到转化率高于 10 层膜固定在膜反应器中一次反应得到的转化率, 这个结果与 5.1.5 得到的一致。

5.2.6.4　体积流速对转化率的影响

采用该模型进行不同体积流速对应反应转化率的预测, 其中有效催化面积 $S_m = 36.3 \times 10^{-4}$ m^2, 孔隙率为 68%, 速率常数为 0.0289s^{-1}。其中反应方式分为两种: 一种是 7 层膜固定在膜反应器中反应物一次通过反应; 另一种是一层膜循环反应 7 次。将以上数据分别代入式 (5-56) 和式 (5-58), 得:

$$\ln\frac{1}{1-x_n} = 0.0289 \times \frac{1.723 \times 10^{-3} \times 7 \times 36.3 \times 10^{-4} \times 0.68}{R \times 10^{-3}/60} \tag{5-74}$$

$$\ln\frac{1}{1-x_n} = \frac{\text{th}(7 \times 1.723 \times 1.96 \times 10^{-3})}{1.96 \times 10^{-3}} \times 0.0289 \times \frac{36.3 \times 10^{-4} \times 0.68}{2 \times 10^{-3}/60}L \tag{5-75}$$

用 Matlab 软件模拟出反应转化率（x）和体积流速（R）的函数关系，如图 5-14 所示。图 5-14 中的实线是用 Matlab 软件模拟出的反应转化率和体积流速的函数关系，点是实验值。可以看到，实验值与理论模拟值有很好的对应关系。从图5-15中可以看出，随着体积流速的增加，转化率是逐渐下降的。从图中也可以看出，一层膜循环反应 7 次得到转化率高于 7 层膜固定在膜反应器中一次反应得到的转化率，这个结果与 5.1.5 得到的一致。

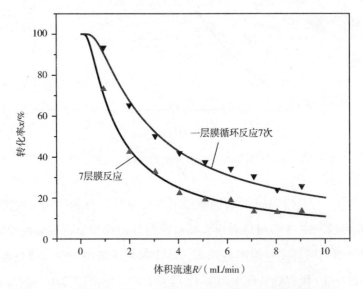

图 5-14 不同体积流速对应转化率的实验值与理论模拟值比较图

5.3 本章小结

假设复合催化膜 flow-through 工艺连续催化制备生物柴油反应过程动力学为平推流模型，考察反应速率及转化率与复合膜物理参数和操作条件之间的关系，探索反应过程传质阻力的影响规律，建立 SPES/PES/NWF 复合膜连续催化酯化反应动力学模型。结论如下：

（1）当体积流速大于 1.2mL/min 时，外扩散阻力可以忽略。膜厚度 $L >$ 1.779mm 时，孔隙率在 32%～68% 之间内扩散不可以忽略。

（2）催化反应速率常数与膜的孔隙率和膜厚度有关，膜孔隙率越大或膜厚度越小，催化反应速率常数越大。结果表明，反应速率常数与膜孔隙率的关系为：

$$k = 0.0164 + 0.00165 \exp \frac{\varepsilon}{0.33276}$$

（3）通过研究单层膜催化酯化反应动力学，推导得到动力学方程：

$$X = 1 - \exp\left[- \eta_0 L \cdot \frac{S_m \varepsilon}{R} \cdot A \exp\left(- \frac{E_a}{R_0 T} \right) \right]$$

（4）通过转化率的实验值与理论模拟值的对比验证，发现计算出的 RMS 值均小于 10，说明通过模拟得到的油酸转化率结果与实验值吻合较好。

第6章 结论

本书围绕面向生物柴油制备的磺化聚醚砜催化膜材料及催化膜的制备、微结构调控及膜催化反应动力学开展研究，并探索膜催化酯化与固体碱酯交换绿色集成工艺制备生物柴油。具体结论如下：

（1）采用磺化法改性聚醚砜制备了三种磺化度的 SPES 膜材料，通过溶剂蒸发相转化法制备 SPES/PES 共混催化膜。研究结果表明，磺化度为 20.3% 的 SPES/PES 共混催化膜的催化性能和重复使用性能最优。在最佳工艺条件下，间歇反应制备生物柴油的转化率达 97.0% 以上。通过气—质谱联用仪分析可知，产物主要成分为七种脂肪酸甲酯。

（2）采用溶液相转化法制备了具有丰富微孔道、海绵状孔结构均一的 SPES/PES/NWF 复合催化膜。通过 PEG 浸泡法和碱水解两种方法分别改性 NWF，并通过红外、热重和固体核磁等表征 NWF 中酯基被改性为羧酸基团的部分为 5.6%。控制成膜条件，即铸膜液浓度、凝固浴种类及组成和溶剂种类等，调控复合催化膜微结构，建立了孔径从 0.13μm 到 2.65μm，孔隙率从 32% 到 68% 的调控方法。同时，根据所有 NWF 厚度不同，分别制备出厚度为 0.708mm、1.215mm、1.723mm、2.314mm 和 2.820mm 五种厚度的复合催化膜。复合催化膜的 IEC 值为 3.40 mmol/g。

（3）设计固定床膜反应器，采用复合催化膜和 flow-through 工艺连续催化制备生物柴油。研究表明，以油酸和甲醇为原料，停留时间为 162s，复合膜连续催化酯化脂肪酸转化率可达 98.2%，是浓硫酸催化效率的 18 倍。这主要是因为在 flow-through 强化传质下，复合膜微孔道提供的极高催化表面积得到了充分利用。通过假性异相催化反应动力学模型研究表明，反应物在复合催化膜中的传质阻力比离子交换树脂小，催化效率高。此外，在连续 500h 催化酯化反应中，复合膜催化脂肪酸制备生物柴油的转化率始终保持在 98.0% 以上，性能稳定。

（4）在平推流模型假设的基础上，建立了 SPES/PES/NWF 复合膜连续催化酯化反应动力学模型。研究表明，催化反应速率常数与膜的孔隙率和膜厚度有关，膜孔隙率越大或膜厚度越小，催化反应速率常数越大。反应速率常数与膜孔隙率的关系为：$k=0.0164+0.00165 \times \exp \dfrac{\varepsilon}{0.33276}$。通过计算可知，当体积流速 $R>1.2 \mathrm{mL/min}$ 时，外扩散阻力可以忽略。膜厚度 $L>1.779 \ \mathrm{mm}$ 时，孔隙率为 $68\% \sim 32\%$ 时，内扩散不可以忽略。此复合膜催化油酸和甲醇酯化反应的活化能为 $35.97 \ \mathrm{kJ/mol}$，指前因子为 12209.87。

参考文献

［1］ RAMADHAS A S, JAYARAJ S, MURALEEDHARAN C. Biodiesel production from high FFA rubber seed oil ［J］. Fuel, 2005, 84 (4): 335-340.

［2］ AVELLANEDA F, SALVADO J. Continuous transesterification of biodiesel in a helicoidal reactor using recycled oil ［J］. Fuel Processing Technology, 2011, 92 (1): 83-91.

［3］ PHAN A N, PHAN T M. Biodiesel production from waste cooking oils ［J］. Fuel, 2008, 87 (17-18): 3490-3496.

［4］ ZHANG Y, DUBÉ M A, MCLEAN D D. Biodiesel production from waste cooking oil: Economic assessment and sensitivity analysis ［J］. Bioresource Technology, 2003, 90 (3): 229-240.

［5］ GOERING C E, SCHWAB A W, DANGHERTY M J, et al. Fuel properties of eleven vegetable oils ［J］. Transactions of the American Society of Agricultural and Biological Engineers, 1982, 25 (6): 1472-1477.

［6］ NAVAJAS A. Outstanding performance of rehydrated Mg-Al hydrotalcites as heterogeneous methanolysis catalysts for the synthesis of biodiesel ［J］. Fuel, 2018 (211): 173-181.

［7］ MA F R, HANNA M A. Biodiesel production: a review ［J］. Bioresource Technology, 1999, 70 (1): 1-15.

［8］ 孔德芳, 沈颖刚, 彭益源, 等. 生物柴油理化性质对柴油机性能的影响研究 ［J］. 内燃机, 2009 (1): 25-28.

［9］ DEMIRBAS A. Political, economic and environmental impacts of biofuels: A review ［J］. Applied Energy, 2009, 6 (Supplement1): S108-S117.

［10］ MC KAY H. Environmental, economic, social and political drivers for increasing use of wood fuel as a renewable resource in Britain ［J］. Biomass and Bioenergy, 2006, 30 (4): 308-315.

［11］ PHALAN B. The social and environmental impacts of biofuels in Asia: An overview ［J］. Applied Energy, 2009, 86 (Supplement1): S21-S29.

［12］ LI J, ZU Y G, FU Y J, et al. Optimization of microwave-assisted extraction of triterpenesaponins from defatted residue of yellow horn (Xanthoceras sorbifolia Bunge.) kernel and evaluation of its antioxidant activity ［J］. Innovative Food Science and Emerging Technologies, 2010, 11 (4): 637-643.

［13］ ZHANG S, ZU Y G, FU Y J, et al. Rapid microwave-assisted transesterification of yellow horn oil to biodiesel using a heteropolyacid solid catalyst ［J］. Bioresource Technology, 2010, 101 (3): 931-936.

［14］ ZU Y G, ZHANG S, FU Y J, et al. Rapid microwave-assisted transesterification for the preparation of fatty acid methyl esters from the oil of yellow horn (Xanthoceras sorbifolia Bunge) ［J］. European Food Research and Technology, 2009, 229 (1): 43-49.

［15］ FU Y J, ZU Y G, WANG L L, et al. Determination of fatty acid methyl esters in biodiesel produced from yellow horn oil by LC ［J］. Chomatographia, 2008, 67 (1-2): 9-14.

［16］ LIU Y, LOTERO E, GOODWIN JR J G, et al. Transesterification of poultry fat with methanol using Mg-Al hydrotalcite derived catalysts ［J］. Applied Catalysis A: General, 2007 (331): 138-148.

［17］ TANG H, SALLEY S O, SIMON NG K Y. Fuel properties and precipitate formation at low temperature in soy-, cottonsed-, and poultry fat-based biodiesel blends ［J］. Fuel, 2008, 87 (13-14): 3006-3017.

［18］ 中国农产品加工网. 肉鸡产业如何开拓国际、国内市场，提高我国鸡肉消费水平 ［J/OL］. http://www.csh.gov.cn/article.asp? id=86091&ArPage=1, 2007, 09-26.

［19］ 丘显忠，周恩茹，余庆海，等. 鸡油加脂剂的研制与应用 ［M］. 中国皮革，2003, 23 (4): 22-25.

［20］ 李昌珠，蒋丽娟，程树棋. 生物柴油—绿色能源 ［M］. 北京：化学工业出版社，2005.

［21］丁灵，王延臻，刘晨光. 鸡油制备生物柴油的研究 ［J］. 中国粮油学报，2007，22 （4）：111-113.

［22］张晓东，孟祥梅，陈雷，等. 废鸡油酯制取生物柴油试验研究 ［J］. 农业工程学报，2008，24 （9）：184-187.

［23］DEMIRBAS A. Biodiesel production from vegetable oils via catalytic and non-catalytic supercritical methanol transesterification methods ［J］. Progress in Energy and Combusion Science，2005，31 （5-6）：466-487.

［24］XIAO M，OBBARD J P. Whole cell-catalyzed transesterification of waste vegetable oil ［J］. Global Change Biology Bioenergy，2010，2 （6）：346-352.

［25］BABAJIDE O，PETRIK L，AMIGUN B，et al. Low-cost feedstock conversion to biodiesel via ultrasound technology ［J］. Energies，2010，3 （10）：1691-1703.

［26］SRILATHA K，ISSARIYAKUL T，LINGAIAH N，et al. Efficient esterification and trans-esterification of used cooking oil using 12-tungstophosphoric acid （TPA） /Nb$_2$O$_5$ catalyst ［J］. Energy and Fuels，2010 （24）：4748-4755.

［27］HOSSAIN A B M S，MEKHLED M A. Biodiesel fuel production from waste canola cooking oil as sustainable energy and environmental recycling process ［J］. Australian Journal of Crop Science，2010，4 （7）：543-549.

［28］QIN S J，SUN Y Z，MENG X C，et al. Production and analysis of biodiesel from non-edible seed oil of Pistacia Chinensis ［J］. Energy Exploration and Exploitation，2010，28 （1）：37-46.

［29］SU E Z，YOU P Y，WEI D Z. In situ lipase-catalyzed reactive extraction of oilseeds with short-chained dialkyl carbonates for biodiesel production ［J］. Bioresource Technology，2009，100 （23）：5813-5817.

［30］SU E Z，XU W Q，GAO K L，et al. Lipase-catalyzed in situ reactive extraction of oilseeds with short-chained alkyl acetates for fatty acid esters production ［J］. Journal of Molecular Catalysis B-Enzymatic，2007，48 （1-2）：28-32.

［31］陈顺玉，吕玮，陈登龙. 生物柴油制备方法的研究进展 ［J］. 福建师范大学福清分校学报，2008 （1）：7-12.

［32］何红波，姚日生，江来恩. 生物柴油制备方法研究进展 ［J］. 安徽化工，

2008（6）：18-22.

[33] 姚专，侯飞. 我国生物柴油的发展现状与前景分析 [J]. 粮食与食品工业，2006（4）：46-49.

[34] 孟中磊，蒋剑春，李翔宇. 生物柴油制备工艺现状 [J]. 生物质化学工程，2007，5（2）：78-81.

[35] SCHWAB A W, BAGBY M O, FREEDMAN B. Preparation and properties of diesel fuels from vegetable oils [J]. Fuel, 1987, 66（10）: 1372-1378.

[36] 王瑞红，李淑芬，马鸿宾，等. 超临界流体法制备生物柴油研究进展 [J]. 精细石油化工进展，2007，8（2）：39-42.

[37] PIOCH D, LOZANO P, RASANATOANDDRO M C, et al. Biofuels from catalytic cracking of tropical vegetable oils [J]. Oléagineux, 1993, 48（6）: 289-292.

[38] WATANABE Y, SHIMADA Y, SUGIHARA A, et al. Conversion of degummed soybean oil biodiesel fuel with immobilized Camdida Antarctica lipase [J]. Journal of molecular catalysis B: Enzymatic, 2002, 17（1）: 151-155.

[39] WANG Y, OU P L S, ZHANG Z. Preparation of biodiesel from waste cooking oil via two-step catalyzed process [J]. Energy Conversion and Management, 2007, 48（1）: 184-188.

[40] WANG Y, OU S Y, LIU P Z, et al. Comparison of two different processes to synthesize biodiesel by waste cooking oil [J]. Journal of Molecular Catalysis A: Chemical, 2006, 252（1-2）: 107-112.

[41] ZULLAIKAH S, LAI C C, VALI S R, et al. A two-step acid-catalyzed process for the production of biodiesel from rice bran oil [J]. Bioresource Technology, 2005, 96（17）: 1889-1896.

[42] TIWARI A K, KUMAR A, RAHEMAN H. Biodiesel production from jatropha oil（Jatropha curcas）with high free fatty acids: An optimized process [J]. Biomass and Bioenergy, 2007, 31（8）: 569-575.

[43] CANAKCI M, GERPEN J V. Biodiesel Production from oils and fats with high free fatty acids [J]. Transactions of the American Society of Agricultural and Biological Engineers, 2001, 44（6）: 1429-1436.

[44] RAMADHAS A S, JAYARAJ S, MURALEEDHARAN C. Biodiesel production from high FFA rubber seed oil [J]. Fuel, 2005, 84 (4): 335-340.

[45] 刘伟伟, 苏有勇, 张无敌, 等. 橡胶籽油制备生物柴油的研究 [J]. 中国油脂, 2005, 30 (10): 63-66.

[46] LIU Y, WANG L, YAN Y. Biodiesel synthesis combining preesterification with alkali catalyzed process from rapeseed oil deodorizer distillate [J]. Fuel Process Technol, 2009 (90): 857-862.

[47] GHADGE S V, RAHEMAN H. Biodiesel production from mahua (Madhuca indica) oil having high free fatty acids [J]. Biomass and Bioenergy, 2005, 28 (6): 601-605.

[48] ZHANG J H, JIANG L F. Acid-catalyzed esterification of Zanthoxylum bungeanum seed oil with high free fatty acids for biodiesel production [J]. Bioresource Technology, 2008 (99): 8995-8998.

[49] BERCHMANS H J, HIRATA S. Biodiesel production from crude Jatropha curcas L. seed oil with a high content of free fatty acids [J]. Bioresource Technology, 2008, 99 (6): 1716-1721.

[50] 张海荣, 邹国英, 林西平. 固体酸催化酯化酸化油合成生物柴油的研究 [J]. 石油与天然气化工, 2007, 7 (2): 114-117.

[51] 岳鸥, 王兴国, 金青哲, 等. 固体酸性催化剂催化生物柴油合成反应性能 [J]. 中国油脂, 2006, 31 (7): 63-65.

[52] KIM H J, KANG B S, KIM M J, et al. Transesterification of vegetable oil to biodiesel using heterogeneous base catalyst [J]. Catalysis Today, 2004 (93-95): 315-320.

[53] YAN S L, KIM M, SALLEY S O, et al. Oil transesterification over calcium oxides modified with lanthanum [J]. Applied Catalysis A-General, 2009, 360 (2): 163-170.

[54] SHIBASAKI-KITAKAWA N, HONDA H. Biodiesel production using anionic ion-exchange resinas heterogeneous catalyst [J]. Bioresource technology, 2007, 45 (98): 416-421.

[55] ZHENG S, KATES M, DUBÉ M A, et al. Acid-catalyzed production of

biodiesel from waste frying oil [J]. Biomass and Bioenergy, 2006, 30 (3): 267-272.

[56] 田部浩三. 新固体酸和碱及其催化作用 [M]. 北京: 化学工业出版社, 1992.

[57] TANABE K, HOLDERICH W F. Industrial application of soild acid-base catalysts [J]. Applied Catalysis A: General, 1999, 181 (2): 399-434.

[58] 周崇文. 论固体酸在有机合成中的应用 [J]. 化学工程与装备, 2008 (12): 124-126.

[59] HARMER M A, SUN Q, FARNETH W E. High-surface-area Nafion resin/silica nanocomposites-a new class of solid acid catalyst [J]. Journal of Amercia Oil Chemistry Society, 1996, 118 (33): 7708-7715.

[60] 冯新亮, 管传金, 赵成学. 阳离子交换树脂的有机催化进展 [J]. 有机化学, 2003, 23 (12): 1348-1355.

[61] KISS A A, DIMIAN A C, ROTHENBER G G. Solid acid catalysts for biodiesel production-Towards sustainable energy [J]. Advanced synthesis & Catalysis, 2007, 348 (1-2): 75-81.

[62] KULKARNI M G, GOPINA TH R, MENER L C, et al. Solid acid catalyzed biodiesel production by simultaneous esterification and transesterification [J]. Green Chemsitry, 2006, 12 (8): 1056-1062.

[63] MELERO J A, IGLESIAS J, MORALES G. Heterogeneous acid catalysts for biodiesel production: current status and future challenges [J]. Green Chemistry, 2009, 11 (9): 1285-1308.

[64] JOTHIRAMALINGAM R, WANG M K. Review of recent developments in solid acid, bace, and enzyme catalysts (Heterogeneous) for biodiesel production via transesterification [J]. Industial & Engineering Chemistry Reseach, 2009, 48 (13): 6162-6172.

[65] MARCHETTI J M, MIGUEL V U, ERRAZU A F. Heterogenrous esterification of oil with high amount of free fatty acids [J]. Fuel, 2007, 86 (5-6): 906-910.

[66] 曹宏远, 曹维良, 张敬畅, 等. 固体酸 Zr $(SO_4)_2 \cdot 4H_2O$ 催化制备生物柴油 [J]. 北京化工大学学报, 2005, 32 (6): 61-63.

[67] ALCANTARA R, AMORES J, CANOIRA L, et al. Catalytic production of

biodiesel from soy-bean oil used frying oil and tallow [J]. Biomass and Bioenergy, 2000, 18 (6): 515-527.

[68] YING M, CHEN G Y. Study on the production of biodiesel by magnetic cell biocatalyst based on lipase-producing Bacillus subtilis [J]. Applied Biochemistry and Biotechnology, 2007 (137): 793-803.

[69] CHEN G Y, YING M, LI W Z. Enzymatic conversion of waste cooking oils into alternative fuel-biodiesel [J]. Applied Biochemistry and Biotechnology, 2006, 132 (1-3): 911-921.

[70] LI N W, ZONG M H, WU H. Highly efficient transformation of waste oil to biodiesel by immobilized lipase from Penicillium expansum [J]. Process Biochemistry, 2009, 44 (6): 685-688.

[71] HALIM S F A, KAMARUDDIN A H. Catalytic studies of lipase on FAME production from waste cooking palm oil in a tert-butanol system [J]. Process Biochemistry, 2008, 43 (12): 1436-1439.

[72] WATANABE Y, SHIMADA Y, SUGIHARA A, et al. Enzymatic conversion of waste edible oil to biodiesel fuel in a fixed-bed bioreactor [J]. Journal of the American Oil Chemists Society, 2001, 78 (7): 703-707.

[73] 杜长海. 膜催化技术的研究进展 [J]. 长春工业大学学报 (自然科学版), 2003 (1): 51-58.

[74] FRITSCH D, BENGTSON G. Development of catalytically reactive porous membranes for the selective hydrogenation of sunflower oil [J]. Catalysis Today, 2006 (118): 121-127.

[75] GRÖCHEL L, HAIDAR R, BEYER A, et al. Hydrogenation of propyne in palladium-containing polyacrylic acidmembranes and its characterization [J]. Industrial & Engineering Chemistry Research, 2005, 44: 9064-9070.

[76] WESTERMANN T, MELI T. Flow-through catalytic membrane reactor-Principles and applications [J]. Chemical Engineering and Processing: Process Intensification, 2009 (48): 17-28.

[77] 陈宁. PVA-固体酸渗透汽化催化膜的制备及其在乙酸丁酯合成中的应用

[D]. 北京：北京化工大学，2011：26-33.

[78] 陈龙祥，由涛，张庆文，等. 膜反应器研究及其应用 [J]. 现代化工，2009，29（4）：87-90.

[79] 朱木兰，何本桥，石文英，等. 响应面法优化 PSSA/PVA 共混膜催化酯化制备生物柴油 [J]. 膜科学与技术，2011，31（4）：89-93.

[80] 王芳，崔波，郑世清. 膜催化技术的现状与展望 [J]. 青岛化工学院学报，2002，23（2）：18-22.

[81] 邵士俊，曹淑琴. 渗透汽化型酯化膜反应器研究-PVA/PSSA 共混聚合物管式复合膜的膜反应性能 [J]. 分子催化，1999，13（1）：42-48.

[82] 徐又一，徐志康，朱宝库，等. 高分子膜材料 [M]. 北京：化学工业出版社，2005.

[83] BLASER H U, PUGIN B, STUDER M. Enantioselective heterogeneous catalysis: academic and industrial challenges [M]. Wiley-VCH: Weinheim, 2000.

[84] GRYAZNOV V M, SMIRNOV V S, VDOVIN V M, et al. Method of preparing a hydrogen permeable membrane catalyst on a base of palladium or its alloys for the hydrogenation of unsaturated organic compounds: US, 4132668 [P]. 1979.

[85] ALDER K I, SHERRINGTON D C. Synthesis of spherical particulate polysiloxane resins as catalyst support [J]. Chemical Communications, 1998 (1): 131-132.

[86] ZHU M, HE B, SHI W, et al. Preparation and characterization of PSSA/PVA catalytic membrane for biodiesel production [J]. Fuel, 2010 (89): 2299-2304.

[87] SHI W, HE B, DING J, et al. Preparation and characterization of the organic-inorganic hybrid membrane for biodiesel production [J]. Bioresource Technology, 2010 (101): 1501-1505.

[88] SHI W, HE B, LI J, et al. Continuous esterification to produce biodiesel by SPES/PES/NWF composite catalytic membrane in flow-through membrane reactor: Experimental and kinetics studies [J]. Bioresource Technology, 2013 (129): 100-107.

[89] ILINICH O M, CUPERUS F B, GEMERT R W, et al. Catalytic membrane in denitrification of water: A means to facilitate in traporous diffusion of reactants [J]. Separate Purification Technology, 2000, 21 (1-2): 55-60.

［90］SCHOMAECKER R, SCHMIDT A, FRANK B, et al. Membranenals catalysatortraeger［J］. Chemie Ingenieur Technik. 2005, 77（5）: 1-9.

［91］VANKELECOM I F J. Polymeric membranes in catalytic reactors［J］. Chemistry Reviews, 2002, 102（10）: 3779.

［92］DUBE M A, TREMBLAY A Y, LIU J. Biodiesel production using a membrane reactor［J］. Bioresource Technology, 2007, 98（3）: 639-647.

［93］DAVID M O, NGUYEN Q T, NÉEL J. Pervaporation membranes endowed with catalytic properties based on polymer blends［J］. Journal of Membrane Science, 1992（73）: 129-141.

［94］GUERREIRO L, CASTANHEIRO J, FONSECA I M. Transesterification of soybean oil over sulfonic acid functionalized polymeric membranes［J］. Catalysis Today, 2006（118）: 166-171.

［95］DARNOKO D, CHERYAN M. Kinetics of palm oil transesterification in a batch reactor［J］. Journal of the American oil Chemists Society, 2000（77）: 1263-1267.

［96］李为民, 徐春明. 大豆油脚浸出油制备生物柴油及性能研究［J］. 中国油脂, 2006（31）: 68-71.

［97］FREEDMAN B, KWOLEK W, PRYDE E. Quantitation in the analysis of transesterified soybean oil by capillary gas chromatography［J］. Journal of the American oil Chemists' Soeiety, 1986（63）: 1370-1375.

［98］邬国英, 林西平, 巫淼鑫, 等. 棉籽油间歇式酯交换反应动力学的研究［J］. 高校化学工程学报, 2003, 17（3）: 314-318.

［99］彭宝祥, 舒庆, 王光润, 等. 酸催化酯化法制备生物柴油动力学研究［J］. 化学反应工程与工艺, 2009, 25（3）: 250-255.

［100］SHAH T N, RITCHIE S M C. Esterification catalysis using functionalized membranes［J］. Applied Catalysis A-General, 2005, 296（1）: 12-20.

［101］陈龙祥, 由涛, 张庆文, 等. 膜反应器研究及其应用［J］. 现代化工, 2009, 29（4）: 87-90.

［102］王建宇, 徐又一, 朱宝库. 高分子催化膜及膜反应器研究进展［J］. 膜科学与技术, 2007, 27（6）: 82-88.

[103] 周永华, 叶红齐, 陈春辉. "催化接触器" 型膜反应器的研究进展 [J]. 工业催化, 2007, 15 (11): 6-10.

[104] 郭金宝, 杜迎春. 膜技术在酯化反应中的应用 [J]. 化工时刊, 2005, 19 (2): 48-52.

[105] 杜海涛, 吴树新, 高伟民, 等. 膜催化技术的研究进展 [J]. 长春工业大学学报, 2003, 5 (3): 98-106.

[106] 裴玉新, 徐又一. 聚合物膜反应器及其国外研究现状 [J]. 功能材料, 2000, 31 (2): 130-133.

[107] 曾繁涤, 李建新, 石文英, 等. 膜技术在生物柴油制备中的应用研究进展 [J]. 功能材料信息, 2010, 7 (2): 11-18.

[108] HARRY P, PAUL W R. Enzyme-coupled ultrafiltration membranes [J]. Biotechnology Bioengineering, 1975, 17: 445.

[109] 杨龙, 黄方, 李建树, 等. 采用气体 SO_3 对聚醚砜进行磺化改性的研究 [J]. 四川大学学报 (科学版), 2001, 33 (4): 90-93.

[110] 孙俊芬, 王度瑞. 关于聚醚砜膜的研究进展 [J]. 合成技术及应用, 2006, 16 (1): 19-22.

[111] 吕慧娟, 申连券, 王彩霞, 等. 聚醚砜的磺化及表征 [J]. 高等学校化学学报, 1998, 19 (5): 833-835.

[112] 矫庆泽, 陈继智, 冯彩虹, 等. 磺化聚醚砜的制备及对异丁烷的丁烯烷基化催化性能 [J]. 应用化学, 2004, 21 (7): 742-744.

[113] LIU Q L, ZHANG Z B, CHEN H F. Study on the coupling of esterification with pervaporation [J]. Journal of Membrane Science, 2001 (182): 173-181.

[114] CASTANHEIRO J, RAMOS A M, FONSECA I M. Esterification of acetic acid by isoamylic alcohol over catalytic membrane of poly (vinyl alcohol) containing sulfonic acid groups [J]. Applied Catalysis A: General, 2006 (311): 17-23.

[115] NGUYEN Q T, BARECK M, DAVID C O, et al. Ion-exchange membranes made of semi-interpenetrating polymer networks, used for pervaporation-assisted esterification and ion transport [J]. Materials Research Innovations, 2003, 7 (4): 212-219.

[116] GUAN R, ZOU H, LU D, et al. Polyethersulfone sulfonated by chlorosulfonic

acid and its membrane characteristics [J]. European Polymer Journal, 2005 (41): 1554-1560.

[117] 朱思君, 孙俊芬, 赵有中, 等. 凝固条件对聚醚砜结构和性能的影响 [J]. 东华大学学报 (自然科学版), 2006, 32 (6): 128-133.

[118] 杨师棣, 汤发有. 固体超强酸 SO_4^{2-}/ZrO_2-TiO_2 催化合成丙烯酸异丁酯 [J]. 精细石油化工, 2001 (1): 6-9.

[119] LI L, ZHANG J, WANG Y. Sulfonated poly (ether etherketone) membranes for direct methanol fuel cell [J]. Journal of Membrane Science, 2003 (226): 159-167.

[120] SHI W, HE B, LI J, et al. Esterification of acidified oil with methanol by SPES/PES catalytic membrane [J]. Bioresource Technology, 2011 (102): 5389-5393.

[121] YADAV G D, THATHAGAR M B. Esterification of maleic acid with ethanol over cation-exchange resin catalysts [J]. Reactive and Functional Polymers, 2002, 52 (2): 99-110.

[122] SAHA B, SHARMA M M. Reaction of dicyclopentadiene with formic acid and chloroacetic acid with and without cation-exchange resins as catalysts [J]. Reactive and Functional Polymers, 1997, 34 (2-3): 161-173.

[123] ENCINAR J M, GONZALEZ J F, SABIO E. Preparation and properties from cynara cardunculus L. oil [J]. Industrial & Engineering Chemistry Research, 1999, 4 (38): 2927-2931.

[124] WIMCO (World Industrial Membrane) - web Information: www. wimco1989. ca.

[125] 仉春华, 杨凤林, 王文君, 等. 聚乙烯醇改性无纺布的制备及耐污染性能的研究 [J]. 高校化学工程学报, 2008, 22 (1): 172-176.

[126] 白秀峨, 陈建新. 氢氧化钠的乙醇溶液对改性涤纶碱处理的工艺探讨 [J]. 合成技术与应用, 2003, 18 (4): 43-49.

[127] 德利奥里, 克里斯科利, 库尔乔. 膜接触器: 原理、应用及发展前景 [M]. 北京: 化学工业出版社, 2009.

[128] Nitl Nitto Electric Ind. Co. Ultrafiltration composite filter membrane with good water-permeability: Japan. JP62277106 [P]. 1984.

［129］李娜，刘忠洲，续曙光．耐污染膜—聚乙烯醇膜的研究进展［J］．膜科学与技术，1999，17（3）：1-7.

［130］SHI W，HE B，LI J，et al. Continuous esterification to produce biodiesel by SPES/PES/NWF composite catalytic membrane in flow－through membrane reactor：Experimental and kinetics studies［J］. Bioresource Technology，2013（129）：100-107.

［131］张雄福，王金渠，刘海鸥，等．沸石膜反应器乙苯脱氢反应性能［J］．高等化学工程学报，2001，15（2）：121-125.

［132］李保军，贺高红，白凤武．碱催化 PVA 酯化交联膜的制备［J］．化学通报，2007，70（4）：317-320.

［133］孙钦军，纪全，孔庆山，等．聚酯纤维功能化改性的研究［J］．材料导报，2004，18（4）：43-45.

［134］喻志武，郑安民，王强，等．固体核磁共振研究固体酸催化剂酸性进展［J］．波谱学杂志，2010，4（5）：13-17.

［135］仇春华，杨凤林，王文君，等．聚乙烯醇改性无纺布的制备及表征［J］．辽宁工程技术大学学报（自然科学版），2008，27（2）：318-320.

［136］MATZ R. The development of porous structure in anisotropic membranes［J］. Desalination，1972（10）：1-15.

［137］WANG D L，LI R，TEO W K. Perparation and characterization of PVDF hollow fiber membrane［J］. Journal of Membrane Science，1999（163）：211-220.

［138］PUALSEN F G，SBOJAIE S S，KRNATZ W B. Effect of evaporation step on macrovoid of wet－cast polymeric membrane［J］. Journal of Membrane Science，1994（91）：265-282.

［139］SMOLDERS C A，REUVERS A J，BOOM R M，et al. Micorstrucuture in phase inversion membrnae. Part I，Fomration of macorvoids［J］. Journal of Membrane Science，1992（73）：259-275.

［140］REUVESR A J，SMOLDERS C A. Fomration of membnares by means of immersion precipitation. Part 1：The mechanism of formation of membranes prepared from the system cellulose acetate－acetone－Water［J］. Journal of Membrane Science，1987，34（1）：67-86.

［141］BOTTNIO A, CAPNNAELLI G, MUNARI S. Effect of coagulation medium on properties of sulfonated PVDF membrane ［J］. Journal of Applied Polymer Science, 1985（30）：3009-3022.

［142］陈勇，罗士平，裘兆蓉，等. 全氟磺酸树脂膜催化合成乙酸异戊酯的研究 ［J］. 化学试剂，2005，27（4）：247-248.

［143］XU L, WANG Y, YANG X, et al. Preparation of mesoporous polyoxometalate-tantalum pentoxide composite catalyst and its application for biodiesel production by esterification and transesterification ［J］. Green Chemistry, 2008（10）：746-755.

［144］SHIBASAKI - KITAKAWA N, HONDA H, KURIBAYASHI H, et al. Biodiesel production using anionic ion-exchange resin as heterogeneous catalyst ［J］. Bioresource Technology, 2007, 98（2）：416-421.

［145］NGUYEN T D, MATSUURA T. Effect of nonsolvent additives on the pore size and the pore size distribution of aromatic polyamide RO membrane ［J］. Chemistry. Engineering Communications, 1987（54）：17-36.

［146］ZHU Z X, MGATSUURA T. Discussions on the of mechanism of surface pore in Reverse osmosis, ulrtafilrtation and microfiltration membranes prepared by the phase inversion process ［J］. Journal of colloid interface science, 1991（147）：307-315.

［147］郭红霞，陈翠仙. 交联聚乙烯醇膜材料中水的状态及其分离特性 ［J］. 化学研究与应用，2005，17（2）：194-196.

［148］HALIM S F A, KAMARUDDIN A H, FERNANDO W J N. Continuous biosynthesis of biodiesel from waste cooking palm oil in a packed bed reactor：Optimization using response surface methodology（RSM）and mass transfer studies ［J］. Bioresource Technology, 2009, 100（2）：710-716.

［149］CAO P G, DUBÉ M A, TREMBLAY A Y. Methanol recycling in the production of biodiesel in a membrane reactor ［J］. Fuel, 2008, 87（6）：825-833.

［150］ALI S H, TARAKMAH A, MERCHANT S Q, et al. Synthesis of esters：development of the rate expression for the Dowex 50 Wx8-400 catalyzed esterification of propionic acid with 1-propanol ［J］. Chemical Engineering Science, 2007（62）：3197-3217.

［151］VINCENT M J, GONZALEZ R D. Selective hydrogenation of acetylene through a short contact time reactor [J]. AICHE Journal, 2002 (48): 1257-1260.

[152] FRITSCH D, BENGTSON G. Development of catalytically reactive porous membranes for the selective hydrogenation of sunflower oil [J]. Catalysis Today, 2006 (118): 121-127.

[153] RADIVOJEVIC D, AVRAMESCU M, SESHAN K, et al. Frozen slurry catalytic reactor: a new structured catalyst for transient studies in liquid phase [J]. Applied catalysis, 2008 (351): 159-165.

[154] LOPEZ L C, BUONOMENNA M G, FONTANANOVA E, et al. A new generation of catalytic poly (vinylidene fluoride) membranes: coupling plasma treatment with chemical immobilization of tungsten-based catalysts [J]. Applied catalysis, 2006 (16): 1417-1424.

[155] FENG Y, HE B, CAO Y, et al. Biodiesel production using cation-exchange resin as heterogeneous catalyst [J]. Bioresource Technology, 2010 (101): 1518-1521.

[156] SCHMIDT A, Schomäker R. Partial hydrogenation of sunflower oil in a membrane reactor [J]. Journal of Molecular Catalsis A: Chemical, 2007 (271): 192-199.

[157] JUAN J C, ZHANG J C, JIANG Y, et al. Zirconium sulfate supported on activated carbon as catalyst for esterification of oleic acid by n-butanol under solvent-free conditions [J]. Catalysis Letters, 2007, 117 (3-4): 153-158.

[158] HUANG Y Y, ZHAO B Y, XIE Y C. A new method to prepare silica- or alumina-supported sulfated zirconia [J]. Applied Catalysis A: General, 1998, 173 (1): 27-35.

[159] GIORNO L, DRIOLI E. Biocatalytic membrane reactors: applications and perspectives [J]. Trends in Biotechnology, 2000, 18 (8): 339-349.

[160] NOTZRBAKHSH W. Esterification of oleic acid and ethanol in plug flow (packed bed) reactor under supercritical conditions investigation of kinetics [J]. Aiche Symposium Series, 1989 (85): 75.

[161] ZASPALIS V T, PRAAG W V, KEIZER K, et al. Reactor studies using alumina separation membranes for the dehydrogenation of methanol and n-butane [J]. Applied Catalysis, 1991, 74 (2): 223-234.

[162] PITO D S, FONSECA I M, RAMOS A M, et al. Castanheiro. Hydrolysis of sucrose using sulfonated poly (vinyl alcohol) as catalyst [J]. Bioresource Technology, 2009, 100 (20): 4546-4550.

[163] GIORNO L, DRIOLI E. Biocatalytic membrane reactors: applications and perspectives [J]. Trends in biotechnology, 2000, 18 (8): 339-349.

[164] GIORNO L. Membrane bioreactors in integration of membranes processes into bioconversions [M]. New York: Kluwer Academic/Plenum Publishers, 2000.

[165] CHENG Y, FENG Y, REN Y, et al. Comprehensive kinetic studies of acidic oil continuous esterification by cation-exchange resin in fixed bed reactors [J]. Bioresource Technology, 2012 (113): 65-72.

[166] GRÖCHEL L, HAIDAR R, BEYER A, et al. Hydrogenation of propyne in palladium-containing polyacrylic acid membranes and its characterization [J]. Industry Engneering. Chemistry Research, 2005 (44): 9064-9070.

[167] JAYARAMAN V K, KULKARNI B D, RAO A. Theoretical analysis of a packed bed membrane reactor [J]. Chemistry Engineering Science, 2001 (84): 475-483.

[168] LOPES J P, CARDOSO S S S, RODRIGUES A E. Effectiveness factor for thin catalytic coatings: Improved analytical approximation using perturbation techniques [J]. Chemistry Engineering Science, 2012 (71): 46-55.

[169] MINAMI E, SAKA S. Kinetics of hydrolysis and methyl esterification for biodiesel production in two-step supercritical methanol process [J]. Fuel, 2006 (85): 2479-2483.

[170] SENDZIKIENE E, MAKAREVICIENE V, JANULIS P, et al. Kinetics of free fatty acids esterification with methanol in the production of biodiesel fuel [J]. European Journal of Lipid Science and Technology, 2004 (106): 831-836.

[171] TESSER R, CASALE L, VERDE D, et al. Kinetics and modeling of fatty acids esterification on acid exchange resins [J]. Chemistry Engineering Journal, 2010 (157): 539-550.

[172] VOSPERNIK M, PINTAR A, BERCIC G, et al. Mass transfer studies in gas-liquid-solid membrane contactors [J]. Catalysis Today, 2003 (79): 169-179.

［173］WÄRNÅ J, RÖNNHOLM M R, SALMI T, et al. Influence of intraparticle reaction-diffusion in a catalytic reactor ［J］. Chemistry Engineering Journal, 2002（90）: 209-212.

［174］ANTOLÍ G, TINAUT F V, BRICEÑO Y, et al. Optimisation of biodiesel production by sunflower oil transesterification ［J］. Bioresource Technology, 2002, 83（2）: 111-114.

［175］WILKE C R, CHANG P. Correlation of diffusion coefficients in dilute solutions ［J］. Aiche Journal, 1955（1）: 264-270.

［176］XIAO Y, GAO L J, LV J H, et al. Kinetics of the transesterification reaction catalyzed by solid base in a fixed-bed reactor ［J］. Energy Fuels, 2010（24）: 5829-5833.

［177］SHIMADA Y, WATANABE Y, SUGIHARA A, et al. Enzymatic alcoholysis for biodiesel fuel production and application of the reaction to oil processing ［J］. Journal of Molecular Catalysis B: Enzymatic, 2002, 17（3-5）: 133-142.

［178］RAMADHAS A S, JAYARAJ S, Muraleedharan C, et al. Biodiesel production from high FFA rubber seed oil ［J］. Fuel, 2005, 84（4）: 335-340.

［179］GURU M, KOCA A, CAN O, et al. Biodiesel production from waste chicken fat based sources and evaluation with Mg based additive in a diesel engine ［J］. Renewable Energy, 2010（35）: 637-643.

［180］MENG X, LI W, CHEN G, et al. Optimization and quality improvement of biodiesel produced from waste cooking oil ［J］. Renewable Energy Resources, 2007, 25（1）: 36-39.

［181］KNOTHE G. Analytical methods used in the production and fuel quality assessment of biodiesel ［J］. Transactions of the ASAE, 2001, 44（2）: 193-200.

［182］GHESTI G F, MACEDO J L. FT-Raman Spectroscopy Quantification of Biodiesel in a Progressive Soybean Oil Transesterification Reaction and Its Correlation with [1] H NMR Spectroscopy Methods ［J］. Energy & Fuels, 2007（21）: 2475-2480.

［183］GELBARD G, BRES O, VARGAS R. M, et al. Magnetic resonance determination of yield of the tranesterification of rapeseed oil with methanol ［J］. Journal of

American Oil Chemistry Society. 1995, 72 (3): 1239 –1241.

［184］SHU Q, YANG B. Synthesis of biodiesel from soybean oil and methanol cata-lyzed by zeolite beta modified with La³⁺ ［J］. Catalysis Communications, 2007 (8): 2158-2164.

［185］SREEPRASANTH P S, SRIVASTAVA R, SRINIVAS D, et al. Hydrophobic, solid acid catalysts for production of biofuels and lubricants ［J］. Applied Catalysis A: General, 2006, 314 (2): 148-159.

［186］苏敏光, 于少明, 吴克, 等. 生物柴油制备方法及其质量标准现状 ［J］. 包装与食品机械, 2008, 26 (3): 30-39.

［187］BOEY P L, MANIAM G P, HAMID S A. Biodiesel production via transes-terification of palm olein using waste muacrab shell as a heterogeneous catalyst ［J］. Bioresource Technology, 2009, 100 (5): 6362-6368.

［188］HUNG C, CHONG S C, GOMES F J. A heterogeneous acid – catalyzed process for biodiesel production from enzyme hydrolyzed fatty acids ［J］. Aiche Journal, 2008, 54 (1): 327-336.

［189］SOUMANOU M, BOMSCHEUER U. Improvement in lipase – catalyzed synthesis of fatty acid methyl esters from sunflower oil ［J］. Enzyme and Microbial Tech-nology, 2003, 33 (1): 97-103.

［190］MA F R, HANNA M A. Biodiesel production: a review ［J］. Bioresource technology, 1999, 70 (1): 1-15.

［191］PREDOJEVIC Z J. The production of biodiesel from waste frying oils: A com-parison of different purification steps ［J］. Fuel, 2008, 87 (17-18): 3522-352.